“海洋梦”系列丛书

海市蜃楼

海底世界

“海洋梦”系列丛书编委会◎编

合肥工业大学出版社
HEFEI UNIVERSITY OF TECHNOLOGY PRESS

图书在版编目（CIP）数据

海市蜃楼：海底世界/“海洋梦”系列丛书编委会编．—合肥：合肥工业大学出版社，2015.9（2021.6 重印）

ISBN 978-7-5650-2410-8

Ⅰ.①海… Ⅱ.①海… Ⅲ.①海底—普及读物 Ⅳ.①P737.2-49

中国版本图书馆 CIP 数据核字（2015）第 208979 号

海市蜃楼：海底世界

“海洋梦”系列丛书编委会 编　　　责任编辑 刘 露 张和平

出 版	合肥工业大学出版社	版 次	2015 年 9 月第 1 版
地 址	合肥市屯溪路 193 号	印 次	2021 年 6 月第 3 次印刷
邮 编	230009	开 本	710 毫米×1000 毫米 1/16
电 话	总 编 室：0551-62903038	印 张	12.75
	市场营销部：0551-62903198	字 数	200 千字
网 址	www.hfutpress.com.cn	印 刷	安徽芜湖新华印务有限责任公司
E-mail	hfutpress@163.com	发 行	全国新华书店

ISBN 978-7-5650-2410-8　　　定价：35.00 元

目 录

海市蜃楼——海底世界

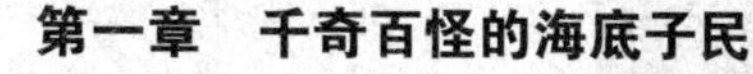

第一章 千奇百怪的海底子民

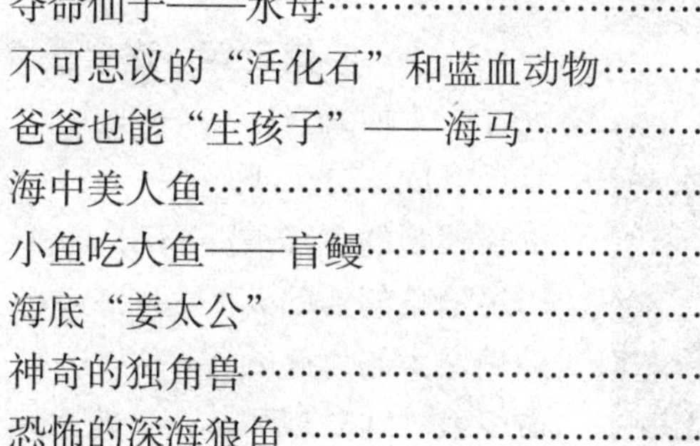

第二章　摄人心魄的海底之谜

第三章　潜伏最深的世界

第四章　海洋神话与海洋趣事

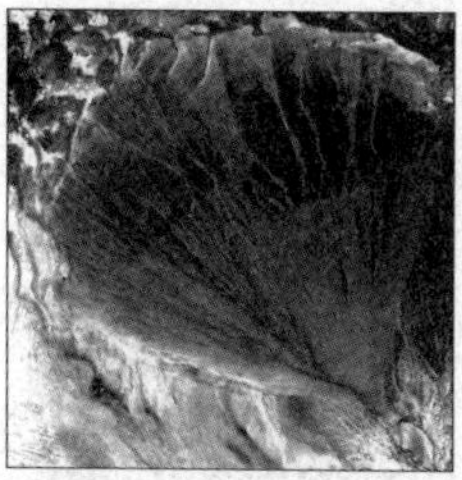

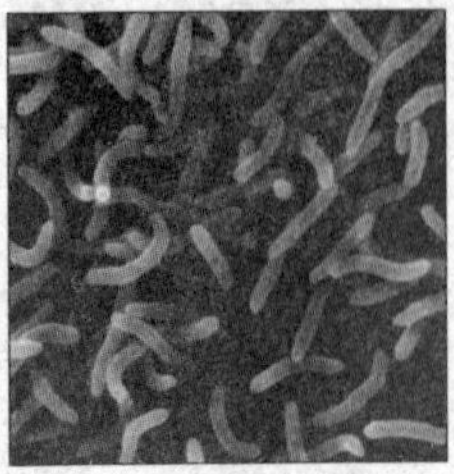

第六章　形态各异的海洋植物—微生物

第一章
千奇百怪的海底子民

许多人以为海中世界是寂静无声的，情况真像人们所想象的那样吗？科学家为了揭开这个秘密，曾在海底安放了一个水下听音器，结果惊奇地发现，许多海洋动物发出千奇百怪的声音：有类似螺旋桨击水的声音，有像猫头鹰的哀鸣，或像青蛙的呱呱叫声……若置身其间，非但不会感到静谧无声，反而觉得喧嚣异常，真是千奇百怪无奇不有，就让我们一起走进龙宫的这些子民吧！

临界生物眼虫藻

在生物世界里，一般来说，植物是靠本身的光合作用来制造出自己生命所需要的有机物质。而动物不然，它们是以捕食有机物为营养，自己无法制造养料。

但自然界却有这样一种有趣的生物，它兼有动物和植物的性质，没有明显的动植物之间的区别。正因为如此，这种生物成为人们激烈争论的焦点。这种生物便是眼虫藻。

眼虫藻

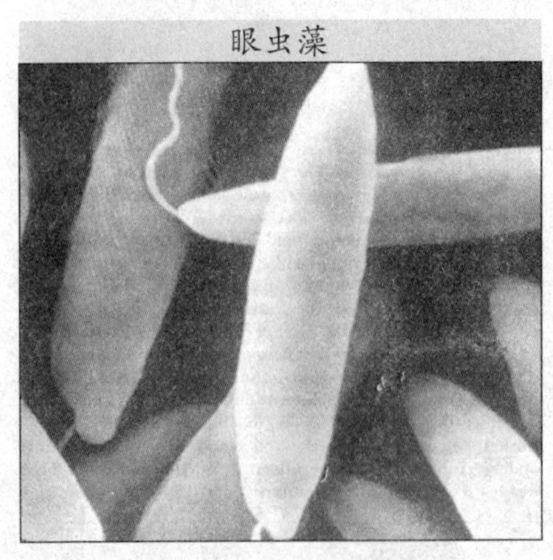

眼虫藻是一种绿色藻类生物，长有红色眼点和鞭毛，多数裸露无壁；藻体不仅能在水中伸缩变形，还能像动物一样吞食固体食物。它通过身躯表面吸收并溶解在水中的有机物质，作为自己的营养，这叫“渗透营养”。根据这个特点，它应该属于动物。

可是，眼虫藻又含有叶绿素，在光照的条件下，能够像植物那样进行光合作用，把二氧化碳和水变成糖类等。眼虫藻这种吸取营养的方式叫“光合营养”。根据这个特点，可以说它是植物。

有人把这种介于植物和动物之间的生物叫作“临界生物”。由此我们可以看出，动物、植物间没有一条截然划分的界线。这也证明了动植物之间的统一性，它们可能拥有共同的祖先。

“海绵宝宝”其实不会动

海绵实际上是一种最原始、最低等的多细胞海洋动物。它们的形状十分奇特，有的像瓶子，有的像号角，有的呈圆球形或椭圆形。不同类型的海绵也分别具有各自鲜明的色彩，如紫色、粉红色、橙色或

紫色的海绵

蓝色。

它们的身体结构十分简单，体壁上有许多小孔（称“入水孔”），因此也被称为“多孔动物”。身体的外部是具有分泌毒液的触手。

所有海绵动物的结构都十分相似。它们简单的体壁包括表皮（上皮）、连接（连合）组织和多种类型的细胞，其中包括能通过原生质的流动来移动(变形运动)的细胞(变形细胞)。

这些变形细胞在其内部组织中游移，拉伸骨针并产生海绵硬蛋白丝。海绵动物并非完全不能移动，它们的身体能通过肌肉细胞的移动进行有限的活动,但在通常情况下，它们却往往固定在同一地点。海绵动物的感觉细胞和神经细胞都还没有形成，对外界的反应极为迟钝。

反应迟钝的海绵动物

因此，如果不借助显微镜，我们很难用肉眼观察到海绵动物运动时的情形，这也是很多人误以为海绵是植物的主要原因。

美丽的海百合

海百合虽然是一种棘皮动物，但身体却像植物一样分为茎（包括根部和柄）、萼、腕三部分，大多以茎固着生活于海底，远远望去，好似植物中美丽的百合花，因此而得名。海百合的茎由一系列钙质茎环连接而成，基底有时生根，或呈锚状，用以固着于海底。茎的顶端为萼，形似花萼。萼上生着五个具有许多羽枝的腕。现代海百合中无

美丽的海百合

茎的种类，借助腕上羽枝的摆动可以在海底移动，主要生存于浅海，有茎的种类则过着固着的底栖生活，从潮间带到深海都有分布，生活在清澈的海水里，在印度洋到太平洋底部常常密集成群。

古生代和中生代的海百合，大多在浅海底栖。海百合类最早出现于距今约4.8亿年前的奥陶纪早朝，在漫长的地质历史时期中，曾经几度（石炭纪和二叠纪）繁荣。其属种数占各类棘皮动物总数的1/3，在现代海洋中生存的尚有700余种。

海百合在死亡以后，这些钙质茎、萼很容易保存下来成为化石，由于海水的扰动，使这些茎和萼总是散乱地保存，失去了百合花似的美丽姿态。但如果它们恰好生活在特别平静的海底，死亡以后，它们的姿态就会完整地保存下来，成为化石。由于这种环境比较苛刻，所以这样的化石十分珍贵，不仅为地质历史时期的古环境研究提供重要的证据，也逐渐成为化石收藏家的珍品，甚至被当作工艺品摆放。

夺命仙子——水母

水母身体外形像一把透明伞，从伞状体边缘长出一些须状条带。这种条带叫触手，触手有的可长达

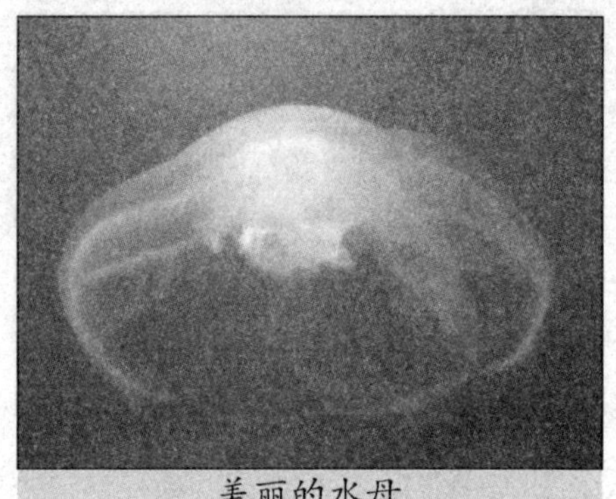

美丽的水母

20～30米，相当于一条大鲸的长度。浮动在水中的水母，向四周伸出长长的触手。有些水母的伞状体还带有各色花纹。

人们往往根据它们的伞状体的不同来分类：有的伞状体发银光，叫银水母；有的伞状体则像和尚的帽子，就叫僧帽水母；有的伞状体仿佛是船上的白帆，叫帆水母；有的宛如雨伞，叫雨伞水母；有的伞状体上闪耀着彩霞的光芒，叫霞水母……在蓝色的海洋里，这些游动着的色彩各异的水母显得十分美丽。

水母虽然长相美丽温顺，其实十分凶猛。在伞状体的下面，那些细长的触手是它的消化器官，也是它的武器。在触手的上面布满了刺细胞，像毒丝一样，能够射出毒液，猎物被刺螫以后，会迅速麻痹而死。

最毒的水母是澳洲灯水母，又叫箱水母。人如果在海水中游泳不幸被水母的触角缠住，那就像同时

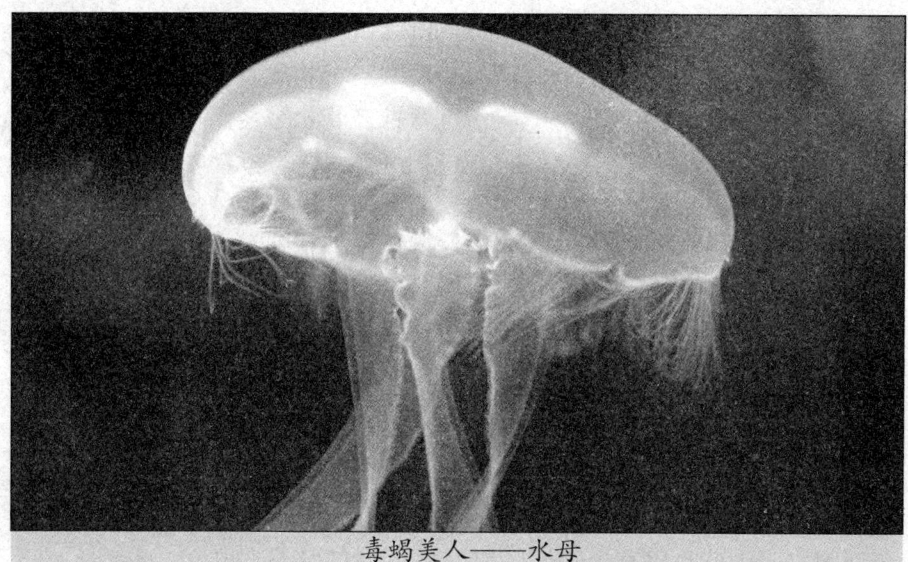
毒蝎美人——水母

被几十条烧红的鞭子抽打一样，在极其痛苦中毙命。

几年前，美国《世界野生生物》杂志综合各国学者的意见，列举了全球最毒的10种动物，名列榜首的就是生活在海洋中的箱水母。它们主要生活在澳大利亚东北沿海水域。成年的箱水母，有足球那么大，蘑菇状，近乎透明。一个成年的箱水母，触须上有几十亿个毒囊和毒针，足够用来杀死20个人，毒性之大可见一斑。它的毒液主要损害的是心脏。当箱水母的毒液侵入人的心脏时，会破坏心脏细胞跳动节奏的一致性，从而使心脏不能正常供血，导致人迅速死亡。

水母是低等的腔肠动物，寿命一般只有几个星期，属水母纲。

水母为什么能预知风暴的到来

科学家们经过多年的观察与研究发现，水母有一套构造特殊的听觉器官。在蓝色的海洋上，每当风暴来临之前，空气和波浪之间会相互摩擦，产生一种人身感觉不到的次声波。

次声波的传播速度比风暴要快很多，小小的水母就能感觉到风暴即将来临。那是因为水母耳朵的共振腔里长着一个细柄，柄上有个小球，球内有块小小的听石，当风暴前的次声波冲击水母耳中的听石时，听石就刺激球壁上的神经感受器，于是水母就可以听到正在来临的风暴的隆隆声。

不可思议的“活化石”和蓝血动物

1. 具有亲缘关系的“活化石”

文昌鱼是低等脊索动物，在世界各地分布较少，只分布在我国的厦门和青岛等海区。

文昌鱼生活在沿海浅海的浅水中，有时在水中游泳，经常潜藏在水底的粗沙里，只露出身体的头端，从水中摄取食物。文昌鱼的身体细长而侧扁，头端和尾端尖细，一般长50毫米左右，外形很像一条小鱼。其实，它与鱼有很大的差别，它的身体半透明，没有真正的头部，没有眼，也没有像鱼那样的偶鳍等。

活化石——文昌鱼

所以，文昌鱼明显地具有脊索动物门的三个主要特征：它具有脊索、背神经管、鳃裂。文昌鱼的这些结构特点，在脊索动物中是比较原始的，而且它的肾管的结构特点与无脊椎动物很相似。所有这些对于研究生物的进化具有重要价值。因此，科学家们认为，文昌鱼在动物进化过程中，是从元脊椎动物进化到脊椎动物的过渡类型，它是说明无脊椎动物和脊椎动物具有亲缘关系的“活化石”，它对于研究动物的进化和胚胎发育，都具有重要意义。

2. 蓝血动物

鲎是当今世界上一种既古老又奇特的动物，主要分布在我国的福建和广东地区，它属于节肢动物门、肢口纲。

鲎是节肢动物门中体型最大的种类，在我国有中国鲎和同尾鲎两种。鲎既像虾又像蟹，人称之为马蹄蟹，是一类与三叶虫一样古老的动物。从4亿多年前一直到现在它的模样几乎没有什么改变，所以称之为“活化石”。每当春季繁殖季节，雌雄鲎便各自寻找自己的“伙伴”，一旦结为“夫妻”，便形影不离。肥大的雌鲎常驮着自己的“小丈夫”慢慢而行，如果此时能捉到它从水中提出时，便是雌雄一对。更为奇

蓝血动物——鲎

特的是鲎的血液是蓝色的，这是因为它的血液里含有铜元素，自从鲎的蓝色血液中提取到用途广泛的“鲎试剂”之后，鲎更是名声大振，成了科学家们争相研究的对象。

你知道头足类动物吗

头足类动物可用身体和腕的移动以及身体颜色的变化来互相沟通。它们的皮肤下有很多色素细胞，而色素的分量及分布则由满布于四周的肌肉细胞所控制，使头足动物身体的颜色可以在数秒间变化。

爸爸也能“生孩子”——海马

生儿育女一般都是雌性动物所担任的角色，有谁见过“爸爸”也能生儿育女呢？但在我们生活的这个世界里，又的确存在这样一种动物，海马便是其中一例。

海马是一种比较特殊的鱼类，主要产于沿海地带。海马又叫水马，属鱼纲，海龙目，是比较珍贵的浅海鱼类。它的体长 20 ~ 30 厘米，身体呈黄褐色或黑褐色，因其头形似马，因此称其为海马。它的尾部细长，有四棱、常踡曲状，全身内膜骨片包裹，有一根无刺的背鳍。卵产，一年可繁殖 2 ~ 3 次。具有较高的药用价值。

它们经常活动在藻类繁茂的地带，将尾端缠绕在海藻上，以吃小甲壳动物为生。

雄海马孕育小海马这一奇特的繁殖方式，实际上是在“弱肉强食”

海马

的环境中形成的。为了保护它们的后代在发育期间不被其他动物伤害，母亲的角色便由雄海马扮演。每当繁殖季节到来的时候，雄海马体侧的腹壁向身体的中央线形成褶皱，逐渐形成一个宽大的育儿袋。雌海马把卵产到了这种育儿袋里，育儿袋里有浓密的血管网层，这些血管又与胚胎的血管网相连，海马的卵便在里面吸收发育需要的营养。

大约 20 天后，雄海马开始“分娩”，把它们排出育儿袋里。小海马从孵化到出生都和爸爸在一起，有时受到惊吓，也会迅速游回爸爸早已准备好的安乐窝去。不过，虽然育儿袋里既安全又舒适，但是逐渐长大的小海马还是毫不留恋地从爸爸的小口袋里纷纷游出，奔向大海，去迎接新的生活。

海中美人鱼

很多人都听过安徒生的童话故事——《小人鱼》，通过这个故事，我们认识了一种美丽、善良的海底生物，那就是美人鱼。那么现实中，有没有美人鱼呢？它们是什么样子的呢？

答案是有的，儒艮就是美人鱼，但是，让大家很失望的是，儒艮并

儒艮

不美丽，它们是一种生活在海洋中的草食性哺乳动物。

儒艮在海洋中算是体形巨大的动物了，它们体长 2.5 米左右，最长可达 3 米以上，全身呈纺锤形，雌性儒艮比雄性稍大些。它们的皮肤可不像传说中那么白皙嫩滑，而是呈暗灰色的光滑皮肤，这是为了在海洋中生活、游泳而进化出来的。儒艮的腹部颜色比背部略浅，它们的颈部很短，但可以做转头和点头等动作，儒艮的前肢短并呈鳍状，没有趾甲。成年儒艮以尾鳍推动为主，没有外耳，儒艮的耳朵只是小小的耳孔而已，这样可以减小游泳时的阻力。儒艮的眼睛很小，吻部顶端有鼻孔，宽且扁平的嘴则位于厚重吻部的末端，嘴边还有胡须。

它们小眼睛，短鼻子，厚嘴唇，甚至还长着一把大胡子，肤色暗沉，既不美丽也不窈窕，怎么看也不像什么美人，那到底为什么它们会被称为“美人鱼”呢？

答案是这样的，雌性儒艮有一对乳房，乳房位于它们前肢的基处，与人类的乳房位置差不多，而且儒艮在分娩之后，会抱着幼崽直立浮出水面（这是为了防止幼崽吸吮乳汁时呛到水），再加上它们生活在海底，头上常顶着海藻之类的海底植物，古代水手在光线不好的时候，常常会将它们的上半身看成是女人，所以儒艮也就有了“美人鱼”的称号。

曾有一则关于这种奇特生物的趣闻。相传哥伦布就是一位狂热的“美人鱼”爱好者，他听过大量关于这种海底美人的故事和传闻，觉得那简直是世界上最美丽的动物了，并用自己的情妇“安娜”的名字给这种动物命名，甚至拜托水手们为他捕捉一条“美人鱼”。当他看到他心目中的女神是那样一副尊容的时候，哥伦布失望极了，于是把“安娜”做成了晚餐。他发现这种海生物由于食用海草，身体结构跟鱼没有任何相似之处，并且味道和口感跟小牛肉很相似，于是给它们起名——海牛。

丑丑的美人鱼

儒艮常以两三头的家族群体进行活动，有时组成五六头左右的小群体，有时甚至组成百头以上的大群。它们生性胆小，受到惊吓会立刻逃跑，但是由于本身游泳速度很慢，即使是在逃命的时候，它们的速度也超不过每小时 5 海里。它们潜水时要不时浮出水面换气，上浮时仅仅将吻部露出水面，下潜时动作跟海豚很相似。

而它们的叫声尖锐，大概是“美人鱼”会唱歌的传闻来源。但是儒艮的歌声不会让人类的船只沉入海底，而是会引来鲨鱼、虎鲸和鳄鱼等天敌。

对于儒艮来说，全年都是繁殖期，每只成熟的雌儒艮都会吸引众多雄性的注意，雄儒艮们为了争夺交配权会进行斗争，它们首先会追着雌性不放，然后用尾鳍拍水并不停地旋转，仿佛在跳舞一样，最后才真正进入交配阶段。

儒艮的妊娠期为 1 1 个月以上、14 个月以下，3 年才会怀胎一次，每胎产崽一只，幼崽 18 个月才断奶，在七八岁时发育成熟。儒艮的平均寿命为 78 岁。它们虽然不是多么美

丽，但是它们性格温顺，从不攻击人类，而且由于大量捕杀和环境污染，儒艮的数量越来越少。许多国家已经将它们列入保护动物的行列，希望这些丑丑的“美人鱼”可以在海洋里幸福地生活。

小鱼吃大鱼——盲鳗

夕阳下，渔民们正忙着收拢渔网，鱼肥网重压不住人们丰收的喜悦。然而事情常常出人意料，很大的鱼在手上一掂量却轻得难以置信。再细看网里的鱼，表面完好无损，可是全是死的，多半里面已被蚀空，只剩下一张皮和骨头了。是谁挖走了鱼肉呢？手段如此狠毒、高明？经过侦察，原来这海上大规模盗窃案的肇事者竟是一些个头不大、没有眼睛、形同鳗鲡的海生物——盲鳗。

盲鳗

有一则消息报道：“在一条鳕鱼的肚子里找到 123 条盲鳗。这些盲鳗全部活着，而鳕鱼早已死亡。经过海洋生物学家检查，鳕鱼的死亡是由于成群的盲鳗吞掉了它的内脏。这群入侵者仍然在鳕鱼尸体内吞食着。”

按照常理，这世界总是“大鱼吃小鱼”，上面的两件事却相反，自然界里的确也存在“小鱼吃大鱼”的怪事，盲鳗它就有这套本事。

盲鳗的可恶之处，就是它专门钻入大鱼体内偷吃内脏和肌肉。它们头部有一个口漏斗，里面的舌头上长有许多角质齿，这便是绞肉钻孔的利器。盲鳗一旦进入寄主体内，就穷撕猛啃，狼吞虎咽一通，随之又几乎不加消化地就排出来，这样用不着多大一会，便将一条大鱼的内脏活生生地掏了个空。据统计，一条盲鳗在 8 小时内可吃掉比自己身体重 20 倍的东西。3 条 250 克重的盲鳗，8 小时可以吃 15 千克鱼肉。最可恨的是，这伙窃贼更爱在落网的鱼群中逞凶，肆意蹂躏人们辛苦半天即将到手的劳动成果，因此渔民对盲鳗恨之入骨。

盲鳗长着软软的圆柱状身子，拖着个扁圆尾鳍，它的口像圆吸盘，生着锐利牙齿，这就是进攻的武器。

盲鳗张嘴向大鱼进攻，它们从大鱼的鳃部钻进体内，用吃里爬外的战术，来吃大鱼内脏。由于它长期过着寄生生活，眼睛已退化。可是它的嗅觉和触觉异常灵敏，使之在茫茫大海上得以迅速找到鱼群，并准确地从鱼鳃钻入大鱼体内。

在生物学家的眼里，盲鳗是珍贵动物。因为脊椎动物最主要标志之一就是体背有一根脊梁骨。盲鳗体内已具有原始脊椎骨的雏形了。可以说，在动物界从无脊椎向脊椎动物的进化过程中，到了圆口类，才算是真正脊椎动物的开始。现存圆口类动物总共只剩下不到 30 种，它们全过着寄生生活，多数栖息在海洋里。

盲鳗是唯一用鼻子呼吸的鱼类

在堪察加半岛海域，有一种盲鳗，它是世界上唯一用鼻子呼吸的鱼类。盲鳗的双眼天生长着一层皮膜，但是它的头部长有感受器，而且全身也长满了超感觉细胞，能比较正确地判定方向、分辨物体，这对盲鳗的捕食和避敌都大有用处。盲鳗体表有特殊的腺体，能产生厚厚的黏液，遇敌时，它把周围海水黏成半透明的一团，并迅速改变自己的体型，在敌人正为这种黏液迷茫时，盲鳗早已趁机逃之夭夭了。

海底“姜太公”

它，大大的头，扁扁的嘴，圆圆的眼睛生在背面，尖尖的牙齿露在口外，背上长着弯弯的一根细棍，棍顶端长着一粒肉蒂。这根棍硬硬的，富有弹性，用手一拨拉，它就颤颤巍巍，活像一根钓鱼竿。

这种鱼叫鮟鱇鱼，它的样子像只癞蛤蟆，渔民们又管它叫“蛤蟆鱼”。它身上长的那根细棍，确实是根钓鱼竿。鮟鱇鱼很笨，不善游泳，可它喜好肉食，追不上别的小鱼怎么办？“造物主”可怜它，就给它安了副钓鱼竿。钓鱼时，鮟鱇鱼将身体埋伏在泥沙里，只露出一对小圆眼，窥视着海底的动静。它

鮟鱇鱼

背上的钓鱼竿扬起来，顶端的拟饵在大嘴前不住地抖动着。小鱼误认为这拟饵是蠕动的小虫时，便纷纷聚集而来。不等小鱼上前咬拟饵，鮟鱇鱼便大嘴一张,往里猛一吸气，将这些小鱼吞进肚里，美餐一顿。

鮟鱇鱼的拟饵很有诱惑力，不仅小鱼容易上当，就连海鸥也难免受骗。别看鮟鱇鱼平时待在海底懒得动弹，一旦它浮出水面，却有意外收获，有时还能钓上海鸥。1931年11月，美国东海岸有一位名叫包莱伍的人，给纽约自然博物馆送来一条长1米、口宽30厘米的鮟鱇鱼，鱼嘴里还咬着一只海鸥。这只海鸥就是误食鮟鱇鱼钓鱼竿上的拟饵时，被鮟鱇鱼一口咬住的。鮟鱇鱼从海底上浮水面时，身体里的鱼鳔充满了气体，当它吞食海鸥时，海鸥塞满了它的大嘴，鳔里的气体一时排不出去，鮟鱇鱼也活动不了，只有浮在水面随波逐流。这样，就被渔民捉住了。

在鮟鱇鱼的家族里，有的成员钓鱼竿上的拟饵更奇妙。像生活在深海里的大洋鮟鱇，它们的拟饵已经变成了闪闪发光的球体。在昏暗的海底，它们的拟饵就像一盏盏小灯笼，当一些好奇的小鱼趋光而来时，它们的末日便来临了。

大洋深处，打起灯笼钓鱼的“姜太公”，不只是鮟鱇鱼一家。例如，有一种懒惰成性的大鲨鱼，在它的眼圈周围布满了像小虾一样的闪光物，它静静地蛰伏在深海底一动也不动，等待着闪光物把大鱼引到身边，好一饱口福。深海里有一种能打灯笼钓鱼的潜钟鱼，它的身体两边有灰色发光斑点，身上有两条触须，须长1米，须端发光，能引诱小鱼来自投罗网。

海洋里，鱼身上钓鱼工具最复杂的，当属钓鱼鱼。它身长仅4厘米，全身漆黑，从头到尾长满硬刺，牙齿长在嘴唇上，可随嘴唇向上或向外翻。它的前额上有一个细长的圆筒，圆筒尖端有一条细鞭，鞭子的末端安有一套复杂的天然钓鱼具。这鱼具有3只鱼钩形的角质爪，每只爪下配备一盏黄色“探照灯”，由体内肌肉控制。一旦小鱼趋光而来，钓鱼鱼就立即伸出爪子，将小

美丽的鳕鱼

鱼抓住放进嘴里，接着马上咬紧牙关。它的钓鱼技术高超，每天可钓到10来条小鱼。它钓鱼成癖，即使肚子吃得鼓鼓的，也会情不自禁地将游过来的小鱼钓着，然后又抛起来，拿小鱼开心。

这样，它不费力气就可以吃饱肚子，很像稳坐钓鱼台的“姜太公”钓鱼，“愿者”上钩。

神奇的独角兽

在中世纪的欧洲，毒药已成为君主之间篡权夺位的重要工具。如乌头碱，能使受害者心脏瘫痪致死；毒伞会导致人缓慢窒息而死，而天仙子则引起人疯狂般的兴奋，而后产生强烈的痉挛而死亡。

据说有一种物质即一种神奇的角，能检测并中和这些致命的毒物。只要在含有毒药的食物或饮酒中，放入这种角，毒药便很快变黑、起泡，毒性随之消失。当时富贵阶层不惜耗费巨资来换取这种神奇的角。事实上，这种神奇的角并不是某种陆生有蹄动物头上的角，而是一种徘徊于北极海洋中一种鲸的牙齿。这种奇特的鲸就是一角鲸。由于它那怪异的形状很像传说中的马，人们又称它为海洋中的独角兽。据估计，目前全世界一角鲸的种群数量为2.7万～3万头。它们分别栖息在阿拉斯加与西伯利亚之间的楚科奇海、北冰洋和俄罗斯以北的海域及格陵兰岛和北极加拿大之间的戴维斯海峡。整个冬季，一角鲸都在冰缝中度过。春天，当冰原向北退去，一角鲸也随之向北游去。

在早期报道中，人们总是把一角鲸描述成一种凶残的巨兽，而实际上一角鲸是一种胆小且易受惊的动物。18世纪，法国自然学家卜夫曾写道：“一角鲸搜寻死亡的动物遗体，不寻衅，不善斗，如果不是出于生存的需要，不残杀其他生命。”

事实上，一角鲸的长牙是相当脆弱的，它只是一角鲸的标志。1758年，当瑞士分类学家卡罗勒斯、林尼厄斯偶然发现这种动物时，他把它命名为一角鲸，此名的意思为“一个齿，一个角”。显然这一命名并不确切，事实上一角鲸有两个

一角鲸

牙齿，均长在上腭。关于一角鲸长牙的作用，有过种种的说法及一些怪诞的推测。曾有人认为，一角鲸利用长牙拨动贴在海底的比目鱼以充当食物或利用长牙将冰块凿出一些洞眼供呼吸之用。还有的科学家认为，一角鲸长牙的尖端部分可作为一种诱饵，使得一些动物上当而成为一角鲸的腹中之物。有时雄一角鲸利用轻剑般的长牙决斗，可能是为了招引雌性同伴。也许加拿大生物学家彼得的见解最引人关注，他认为长牙在一角鲸所谓的“听觉对抗”中起着传递声波的作用。一角鲸集中高强度的声波通过长牙传到对方敏感的耳朵，以此扰乱对方的听觉系统。

然而，以上有关一角鲸长牙功用的说法中，没有一个得到普遍承认，因为这些说法都无视一个重要的事实，即雌性一角鲸并没有这枚特别的长牙，但依然很好地生存着。目前，大多数科学家认为，一角鲸的长牙仅仅是一种第二性征的标志，它类似于狮子的鬃毛和公鸡的鸡冠。也有的认为，长牙可作为一种武器，以显示其优势。

若干世纪以来，一角鲸的长牙一直成为人们追逐的对象。早在1000多年前，斯堪的纳维亚人就把一角鲸的长牙销往欧洲各国。据说罗马帝国的查尔斯五世与贝能斯总督之间一笔巨大的债务关系，就是通过赠予对方二枚独角兽的“角”而了结。以后成为法兰西王后的凯瑟琳，在16世纪中期与法兰西皇太子结婚时，她的叔叔克蒙特七世教皇送给她的一份厚礼就是由一枚独角兽的“角”制成的头饰。

有关人士认为，这种奇特的“角”不仅可以检测并破坏药物的毒性，而且还能治愈各种疾病，包括疟疾和鼠疫。俄罗斯的科学家曾分析过这种“角”的化学成分，解释了它神奇功效的奥妙，即它能中和毒物的化学成分，主要是因为形成了一种含钙的盐而使毒物丧失毒性。直到上世纪50年代，这种角在日本还被当作一种具有神奇功效的药物“爱凯”出售。甚至在今天，德国的许多药房还在经营这种角。

恐怖的深海狼鱼

凡是目睹过太平洋狼鱼的人都会被它那可怖的面貌吓得失魂落魄。也许正因为如此，这种面丑心善的深海动物总是设法回避人类，不轻易让人发觉。它们主要生活在海洋几百米下冰凉的深处。加拿大潜水员玛克德尼耶尔携带相机多次潜入

海底，累计起来时间长达2500个小时，只有一次碰上了狼鱼。他回忆当时遇到狼鱼的情形，写道：“灰色的皱巴巴鱼首，仿佛完全溃疡的鼻子，就像是一粒腐烂的橙子。上下两片又宽又大的嘴唇横裂开来，占据整个鼻部。嘴巴生长着一排尖硬的牙齿，那深不可测的口就像要把人一口吞下。我在不列颠哥伦比亚的太平洋海岸下遇到这种丑八怪。那时，我处于20米深的海底，正沿着宽阔的石岩斜坡往下滑，观察到因水的浸蚀在岩壁上形成无数个洞穴，冷不防从一个洞穴里跳出一个怪物，它就出现在我的深水镜前。”

海洋怪物皇带鱼

皇带鱼是传说中的海洋怪物，属鲈形目皇带鱼科，它们生活在深海的中、上层。关于皇带鱼的恐怖传说很多，欧洲渔民称它们为“海魔王”。

表面上这种鱼与海鳝、海鳗有许多相似的地方，但它是属于鲇鱼的一种。最典型的要算是大西洋的灰色狼鱼，被称为“花鳅”，在酒桌上它是美味佳肴。不过公平地说，太平洋的狼鱼就其味道来讲更胜过大西洋的狼鱼，因而很受渔民的重

恐怖的深海狼鱼

视。据渔民反映，这种鱼十分贪食，而且经常危害人的生命。其实，这是一种误解，像雨果小说《巴黎圣母院》中的敲钟人卡西摩多一样，貌丑心不凶残，而狼鱼给渔民留下坏印象，也是因为它的面容太丑陋。

在它口里那可怕的犬齿以及后面更强硬的臼齿，并不是用来对付人类的，甚至也不是对付一般小鱼的，它的捕获物仅仅是海胆、海星、海虾、大螯虾、软体动物和腹足纲动物。在捕食时，狼鱼把那些不易吸收消化的残渣从口中吐出，堆砌在所居住的海底洞前，科学家就是根据这些被堆集的“沉渣”而找到狼鱼的。

在雄性狼鱼头部布满的累累伤痕，是它们在“情场”上角斗时留下的。为了争夺配偶，雄狼鱼用头部顽强碰击“情敌”，用牙齿死死咬住对方不放。每条雄性狼鱼在一生只经受一次这样的战斗。当战斗结束，获胜的一方夺得了“妻子”

之后，便终生守护着它白头到老。

狼鱼是晚上觅食，白天休息的一种鱼。到黄昏后便开始出去搜集食物，而第二天黎明时分，它们就返回洞穴。白天它们在洞穴里过着闲逸平静的生活。

一般雌性狼鱼的身材较雄性小，嘴唇和下巴突出的部分也不太大。此外，眼睛周围不像雄性那样臃肿，皮肤的颜色却比雄性更灰暗些。

狼鱼

遗憾的是，目前科学家对狼鱼的生殖情况知之不多，因为只有在寒冷季节，它们才进行交配。这个时节，海洋风大浪高，没有一个潜水员敢于下海。但是在温哥华，生物学家却可以通过鱼缸观察狼鱼交欢的整个过程。

雌性狼鱼是在深海洞穴里产卵。当产出豌豆大小的受精卵（约 1 万粒）时，雌性狼鱼把卵聚集一块形成一个圆团。此后的 4 个月内，守护着寸步不离。雌鱼绕着圆团躺着，小心翼翼地晃动身子以调节周围的海水。有时，还会将死卵吞食下去或排除掉。而雄性狼鱼，则蜷伏在自己“伴侣”附近，警惕地守卫在洞穴的入口处，随时准备击退它的入侵者。

幼鱼从卵里孵出，就脱离“父母”过着自食其力的生活。在前 4 个月内，它们喜欢浮到海面玩耍，以浮游生物为食，不过，它们之中也常常被众多的敌手吞食，能活到成年的也只有几百条。

幼鱼长到 35 厘米，皮肤呈现橙褐色，这时便纷纷沉到海底。在海底，它们过着漂泊不定的生活，直至找到终生伴侣，又开始新的一代繁衍生活。

世界上最懒的鱼——鲫鱼

海洋里的生物，并不都是勤劳美丽的，总有些懒骨头，有些鱼甚至都懒得自己游动，比如鲫鱼。

鲫鱼属于鲈形目、劳科、劳属，它还有个名字叫印头鱼，还有人叫它吸盘鱼、粘船鱼。它可以说是世界上最懒惰的鱼，人送外号“懒惰的旅行家”。

鲫鱼的身体细长，最长也就一米，在海洋动物中，它的体形算很

印头鱼

小的。它的身形是前面扁平而后面越来越尖，尾端变成圆柱形。䲟鱼的头部很小，但是头部上面长了很大的一个吸盘，那是䲟鱼最主要的行动工具，是䲟鱼的第一背鳍进化而来的。䲟鱼的尾鳍会随着它的长大，从尖形变成叉形。䲟鱼的鳍并不发达，游泳能力很差，但是它们并不担心生存问题,这是为什么呢?因为它们很善于利用别人的能力。

䲟鱼会用头部的吸盘将自己“外挂”在其他海洋生物身上，当然最好的“外挂”选择就是一些游泳能力超强的大型鲨鱼和强大的海兽。这些海洋生物在游动的时候，就会带着䲟鱼到处旅行，䲟鱼就是这样搭着“霸王车”，在大海里周游，寻找食物丰富的地方来生活。

而且䲟鱼的宿主们大多是强壮的海兽和鲨鱼，所以它们一般都不需要担心自己的安全问题，毕竟它们的宿主很少受到攻击，而宿主吃剩的食物，也常常落到它们那里，让它们没有饿肚子的危险。

䲟鱼的食物主要是海洋浮游生物和一些小鱼以及无脊椎动物。这些动物在海洋中游动的速度都比䲟鱼快，䲟鱼为了生存，只好依附在游速快的大鱼身上来找饵料充足的地方生活，它们有时候还会钻到剑鱼或者翻车鱼等大型鱼类的鳃孔里，在那里就不是很悠闲了，鱼类的鳃孔总是会有很大的水流，这对䲟鱼吸盘的吸力是很大的考验。

䲟鱼的吸盘是它们身体的第一背鳍变化而来的，那吸盘形状好像印章一样。当有大鱼靠近时，䲟鱼们不会像其他小鱼那样躲避，而是大胆迎上去，伺机吸附，它们会用力挤出吸盘里的水，然后迅速贴在大鱼身上。这样，吸盘与大鱼身体之间就形成了真空，借助水压，䲟鱼的吸盘就牢牢吸附在大鱼身体上了。

当然，聪明的䲟鱼，也会被更加聪明的人类利用。人们很巧妙地利用了䲟鱼爱“巴结”大鱼的特性，把它作为捕捉大型海洋珍稀动物的“鱼钩”。在桑给巴尔和古巴，渔民们捉到䲟鱼之后，就穿透它们的尾部,用绳子拴住,再缠上几圈系紧,然后把䲟鱼抛在船后养着，一旦遇到海龟等动物，渔民们就把其中两三条䲟鱼抛出去，让它们吸附在海龟身上,当䲟鱼巴结上了海龟以后，

海龟

还以为可以回到大海里好好游历一番了。可是，它们的身后还拖着渔民的绳子呢，只要渔民拉回绳子，海龟就会被拉到渔船上了。

海中恶狼——鲨鱼

早在恐龙出现前3亿年，鲨鱼就已经存在了，至今已超过4亿年。它们在近1亿年的时间里几乎没有什么改变。

大部分鲨鱼的身体呈纺锤形，在头部的下方是它们的大嘴。嘴里长有异常锋利的牙齿。据统计，一条鲨鱼在10年以内竟要换掉2万余枚牙齿。它的牙齿不仅强劲有力，而且锋利无比。鲨鱼平时向前移动时是以优雅的“S”形摆动全身，其尾部摆动的弧度最大。因为鲨鱼没有鳔，所以要不停游动以避免直沉海底。

凶残的鲨鱼

我们习惯于认为鲨鱼是海洋中最凶猛的动物，称它们为“海中的恶狼”。鲨鱼贪婪、凶残，比较可怕的是它们相互抢食时，常常不分青红皂白，甚至连自己亲生的鲨崽也不放过，也吃得一干二净。当一条负伤的鲨鱼挣扎的时候，就是它该倒霉的时候了，它的同族兄弟往往会群起而攻之。直至把受伤的鲨鱼吞食完毕为止。

和鲨鱼一样六亲不认的带鱼

带鱼在海洋鱼类中是一种小型鱼，但它们的性情却非常凶猛。它们对生活在周围海域中的其他生物，总是不分青红皂白胡乱吞食、撕咬不放，一直吃到大腹便便方肯罢休。

带鱼之间经常出现自相残食的现象。每当带鱼饥饿的时候，不管是父母、兄弟一概翻脸不认，强者吃弱者，实力差不多的就相互搏斗，直到两败俱伤方才罢休，真可谓“六亲不认”。

尽管它们很凶猛，却也有自己的“克星”。鱼类怕鲨鱼，而鲨鱼怕海豚。成群的海豚联合起来，有组织地围攻鲨鱼，轮番用有力的鼻子，撞击鲨鱼的体侧。由于鲨鱼骨骼是软的，保护内脏的能力差，聪明的海豚抓住要害，拼命地撞击，不让它有喘息之机，直到把鲨鱼的内脏撞坏为止。往往鲨鱼会在这样的围歼战中很快毙命。

凶狠的鲨鱼还惧怕一种叫虎鲸的海洋哺乳动物。虎鲸的牙齿非常锋利，而且总是几十只一群结伴而行。鲨鱼一旦遇上虎鲸，只能迅速逃跑，或者将腹部朝上装死躺下，否则就会被虎鲸撕成碎块而吞食掉。

虎鲸

但是谁也想不到，如此可怕的鲨鱼竟然有好伙伴，他就是向导鱼。

鲨鱼十分凶猛，是鱼类中的“魔王”。鲨鱼巨大的嘴里长着尖锐的锥形牙齿，多达数百颗。这些牙齿排成五六排，像一把钉满尖刺的钢锉。鲨鱼猎获食物时，数排牙齿一齐使用，把猎物一块块撕烂，咽下

肚去。当鲨鱼追逐鱼群时，一口能吞掉几十条小鱼。它还能咬死和吃掉大鱼。

奇怪的是，在这个魔王的身边，始终有着一种向导鱼和它形影不离。这种向导鱼体长不过30多厘米，青色的背，白色的肚，两边有黑色的宽带纵条纹。向导鱼常常在鲨鱼前面或者鳍边游来游去，动作十分敏捷，一点也不怕鲨鱼。

鲨鱼为什么不吞食向导鱼呢？原来，向导鱼专给鲨鱼领路，把它们引向鱼群集结的海面，让鲨鱼去饱餐一顿。向导鱼还不时进入鲨鱼的嘴里，吃鲨鱼牙缝里的残屑。这使鲨鱼感到很舒服，也乐意接受向导鱼的服务。

鲨鱼和向导鱼之间于是建立起奇妙的合作关系。鲨鱼靠向导鱼引路觅食，向导鱼靠吃鲨鱼吃剩的残屑过日子，还靠鲨鱼来保护自己，使自己免受其他鱼类的攻击。

电力十足的电鳗

在人类发明发电机之前，神秘的大自然早已经教会了电鳗自己发电了。

电鳗是指电鳗科的南美鱼类，它们虽然是鳗形，但不是鳗类，而是裸背鳗科的鱼类。它们大多生活在南美洲的圭亚那河和亚马孙河里，身体细长，如同铁棍一般。它们身长2米左右，体重却有20千克，体表非常光滑。它们背黑肚黄，既无背鳍又无腹鳍，而臀鳍非常发达，它们游水时，臀鳍起主要作用。由于游泳的器官不算发达，所以电鳗行动非常缓慢，只能在缓流的淡水中栖息，还要间或浮出水面来呼吸空气。

电鳗是淡水鱼类中最有放电能力的一种鱼类，它能释放电压为300多伏特的超强电流，有时电压甚至可以达到800伏，如此高压的强电流，一旦危害人类，常常可以将人击晕，甚至有时会使人落水而溺死。因此有人将电鳗称为“水中高压线”。

电鳗的身体，整个就是一个发电装置，其发电器是由很多电板构成的。电鳗的头部是整个装置的负

铁棍般的电鳗

极，而尾端则是正极，发电器分散在身体侧边的肌肉中。发电装置运作的时候，电流会从它的尾巴流向头部。电鳗放电主要是为了捕获猎物，因为它的主要食物为其他鱼类和小型水生生物，所以它放出的电量都足以将那些比它自己体形小的鱼类电死，有时还可以将大型动物击晕，以前就出现过涉水的牛马被电鳗袭击而晕倒的情况。

由于电鳗的肉质非常鲜美而且营养丰富，南美的土著居民常会捕捉它们来吃，但是，如何抵抗它们放出的巨大电流呢？土著们自有办法。他们知道电鳗不能持续放电，它们在连续不断放电之后，如果没有一段时间的休息以及充分的食物补充,就很难恢复原来的放电能力。所以土著们就把一群牛马赶到河里，来刺激电鳗们放电，而上当的电鳗会不停放电来袭击牛马，但很快电鳗就筋疲力尽了。等到它们失去放电能力的时候，土著们就会很快将它们擒获了。

电鳗身上发电器的枢纽是它身体器官的神经，它放电非常随意，就好像武林高手可以随意控制自己的气一样，对于放电时间和强度，它们可以做到随心所欲。

电鳗的发电原理启发人们发明创造了干电池。你看干电池的结构，

电力十足的电鳗

正负极分明而且中间填充了糊状物质，这跟电鳗发电器内的胶状填充物是不是很像呢？这又是一项仿生发明。

电鳗对人类的好处，还不仅有这些。由于电鳗放电的电压还不至于直接威胁人类生命，所以很多人用电鳗放出的电流来治病。早在古希腊时代，就有医生让病人去触碰在水池中的电鳗刺激其放电，利用这种电流来治疗风湿和癫痫的记录。即使是在医学发达的今天，也还是会有很多老人到海边去寻找退潮时留在沙滩上的电鳗来治疗自己的病痛。

朝当娘来夕当爹

在大千世界中，芸芸众生，绝大多数是雌雄异体，固定不变，可在海洋里，有的鱼类能变性，有的

红鲷鱼

鱼类雌雄同体，如红绸鱼。

那么，红鲷鱼怎么会突然由雌变雄了呢?原来雄红鲷鱼身上长着鲜艳的色彩，这种色彩在水下发出特殊的信号。雌鱼对这种色彩十分敏感，一旦雄鱼色彩消失，身体最强壮的雌鱼神经系统首先受到影响，随即在它的体内分泌出大量的雄性激素，使卵巢消失，精巢长成，鳍也跟着变大了,一条雄鱼就变成了。

和这种遇到“丈夫”死亡、失踪后突然变性不同的是，有些鱼的变性经过了一个发育过程。生活在大西洋百慕大的灰石斑鱼生下来的小鱼，无一例外全是雌性，而当它们的卵巢发育成熟产卵后，它们的性腺发生了根本变化，从此，逐渐演变成了只生精子的精巢，成了海底世界的“男性公民”。在下一个生殖期，新演变成的雄灰石斑鱼就和新一代的雌灰石斑鱼谈情说爱，生儿育女。新一代雌灰石斑鱼当了唯一的一次母亲后，就断然加入了父亲的行列,而且再也变不过来了。这种雌雄生殖腺转变的现象，鱼类学上称为“性逆转”。这种现象表明了鱼类的性腺在发育过程中，雌雄性别因素可能同时存在，经过分化，其中雌性或雄性的因素才突出和稳定下来。

无独有偶，颇受南方人青睐的味道鲜美且富有营养的黄鳝也是先当妈后当爸。黄鳝发育到性成熟产卵时为雌鱼，而后，就由雌变雄，所以一般粗大的黄鳝都是雄性。有这种“性逆转”现象的，还有剑尾鱼等。

海洋里还有一些鱼类雌雄同体，既当妈又当爸。如鲱鱼、鳕鱼、鲽鱼等，它们的生殖腺在体内分布有所不同,一边是卵巢,另一边是精巢。人们常见的被称为“明太鱼”的狭鳕鱼生殖腺更为奇特，它的生殖腺上半部分为卵巢,下半部分为精巢。这种鱼可自行受精，繁衍后代，一

剑尾鱼

条鱼同时承担起父亲和母亲的角色。鮟鱇鱼的雌雄一体，又是另一种情况，它不是在一个身体里长着卵巢又长着精巢，而是雄鱼一出世，就咬在雌鱼身上。天长日久，雄鱼就和雌鱼的身体长在一起永不分离，雄鱼其他器官都退化了，只留下精巢繁衍后代。

在茫茫海底，有一种奇异的生物，当它静止不动时，活像趴在地上的小兔子，因此名叫“海兔”。每一只海兔都是雌雄同体，但它同一些“阴阳鱼”不同，必须异体受精才能生儿育女。每当春秋季节，便是海兔谈情说爱的好时机。那时，你可以发现，好多只海兔常常一溜排开，紧紧地串联在一起，这就是世界上绝无仅有的交配。它们一只连一只，除两头的之外，其余每只海兔既是“父亲”又是“母亲”。这是因为海兔身体两侧，一侧是卵巢，一侧为精巢，只有串联起来才能“生儿育女”。假如只有两只海兔时，同样是既做“父”又成“母”，因此需要进行两次交配。

海兔

在海洋里，有些鱼雄性肉鲜，有些鱼雌性味美。掌握了鱼类变性的特点之后，可以控制鱼类的性别，为人类提供可口的鱼类。日本东京水产学院的教授们在给雌性幼大马哈鱼和幼鳟鱼的饵料中，掺入了甲睾酮雄性激素后，使雌鱼变成了雄鱼。同样，给雄性幼鱼喂了含雌性激素的饵料，也使雄性变雌性。有趣的是，这些变性的鱼卵巢、精巢变了，但原本的性染色体没变，由于变性鱼性染色体仍是雄性的，所以它们与普通雌鱼繁殖的后代皆为雌性。反之亦然。

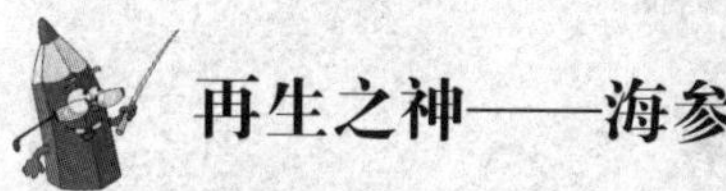

再生之神——海参

在海藻繁茂的海底，生活着一种动物，它们披着褐黑色或苍绿色的外衣，身上长着许多突出的肉刺，这就是海参。它是一种很名贵的海味，海参在世界上有上千种，而生活在我国能食用的海参只有20来种，经济价值最高的要算刺参和梅花参。

海参的身体为长圆筒形或蠕虫状。后端是肛门。口的周围有10 ~ 30个触手，触手的形状因品种而异。身体的背部常有疣足或肉刺。大多数种类生活在岩礁底、沙泥底、珊瑚礁或珊瑚沙泥底，活动十分缓慢，由于没有眼睛，无法捕捉快速运动的动物，只有吃混在沙子里的有机质和小型动植物。

海参

海参之王是梅花参，最长的有1米多长，100多千克，它背上是黄色的，有3 ~ 11只鼓鼓的小肉锥，像朵盛开的梅花。梅花参的名称就由此而来。海南人不叫梅花参，而叫“菠萝参”。这种参个大、肉厚，吃起来又嫩又脆，广东人把吃梅花参看成大补呢!

梅花参怕热，5 ~ 6月份时，西沙南沙的梅花参藏在0.3米多深沙子底下，把身埋在里头睡大觉，一直到太阳下山了，它才起床寻食，像老鼠，西方也有人把海参叫作“海鼠”。

抓梅花参也并不容易，只要你的手碰到它的身子时，它就立即从身上喷出一股白花花、黏糊糊的液体来。这黏液叫“肥皂精”，有毒，小鱼一粘上，就会被毒死。人的手指粘上这种液体，也会麻涩涩的。你再伸手抓它时,它会又施一计——拿出了护身法宝，把肠子、肚子全由肛门里喷出来,来了个“金蝉脱壳”之计，趁此机会溜之大吉。有的大鱼常常上海参的当，只顾吃海参抛出来的肠子、肚子，而它悄悄地逃走了。

神奇的是，梅花参把肠子、肚子掏出来之后，对它并无大碍，用不了多长时间,又会长出新的肠子、肚子来。更有趣的是，海里有一种身上无鳞、光明透亮的小隐鱼，一

梅花参

碰上危险，就把尾巴卷起来，插进海参的肛门里，然后再把身子伸直往后退，一直倒退到海参的肚皮里。有时，一条海参肚皮里能同时藏进六七条小隐鱼。当然，它们就成了海参的美味佳肴了。

海参有极高的温差忍受能力，从0℃～28℃它都照常能自由自在地生活。把它放到冰中冻住，化开后它照样活回来，但它对盐度忍受能力很差，从海水里放到淡水里，它很快就会死去，而且“五脏六腑”全部吐出来。所以，老渔民都知道，一般河流的入海口处，是找不到海参踪迹的。

海参的另一特异功能是再生。把一只海参割成三段，再抛进海里。三部分都会各自长成一只完整的海参，其过程需要3～7个月。

生物再生

生物再生是指生物体的整体或器官因创伤或其他原因而发生部分丢失，在剩余部分的基础上又生长出与丢失部分在形态和功能上相同的结构，这一修复过程称为生物再生。一般把再生分为生理性再生和病理性再生。生理性再生是指身体的局部新旧交替的再生；病理性再生是因损伤而引起的再生，也叫补偿再生。再生能力在植物和低等动物中特别明显。

海参产卵时，四周环绕着一片玫瑰色的“云雾”，这里抚育着一代新的生命。海参的幼虫以伊谷草为家，直到长为成体。每一处海藻丛都是海参别具一格的托儿所。一只只小海参在那里安然无恙，凶恶的海星或者海蟹休想靠近它们。产后的海参体质虚弱，于是它们潜入洞穴，休养身体，一直待到10月份。它们这样做也是为了躲避凶神恶煞般的海星，因为此时它们无力对付海星的攻击。

小海参要成长为大海参，一般需要4～5年。它的寿命只有9年。一只雌海参每年可产卵800万粒，但真正能成为海参的却很少。造成家族不兴旺的原因是，多数卵被其他鱼类吃掉，还有因海水污染死掉，还有人类捕捉过度、自然繁殖越来越少等原因。

随波逐浪的翻车鱼

海洋并不是只有萤火鱿鱼那种点点星光，海洋里，还住着“月亮”，那就是“月亮鱼”，也就是翻车鱼。

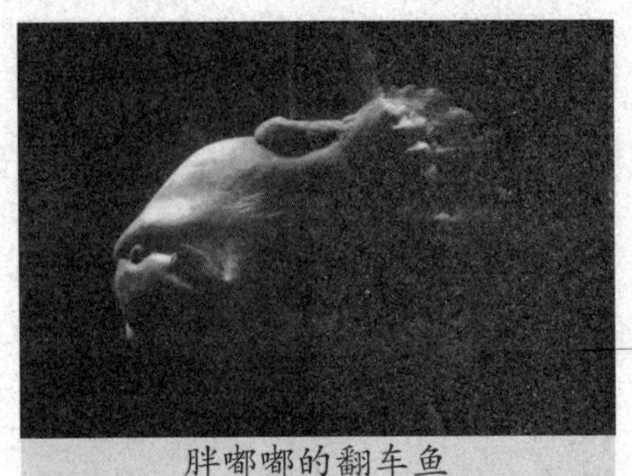
胖嘟嘟的翻车鱼

翻车鱼大多生活在热带海洋里，在它们身体周围常常会附着很多发光动物，在它游动的时候，身上的发光动物会闪闪发光，从远处看去，翻车鱼就像一轮明月一样，因此翻车鱼又被叫作“月亮鱼”。

翻车鱼，是翻车鲀科的大洋鱼类的统称。翻车鲀科共有三种鱼类。翻车鱼并不是全世界对它的称呼，在英美地区翻车鱼被称为海洋太阳鱼，西班牙人称其为月鱼，德国人则称它为会游泳的头，而日本人叫它们曼波。因为它会上浮侧翻并在海上晒日光浴，因此又被称为“太阳鱼”。翻车鱼还因为看起来像只有头而没有身子而被叫作“头鱼”。

翻车鱼大概可以算作是世界上形状最为奇特的鱼类之一了。翻车鱼个体比较庞大，最大的体长在3米至5米之间，体重可达3.5吨。它们的身体圆而扁，看起来像个大盘子。在它们的鱼身和鱼腹上，各长有一个长而尖的鳍，但它们的尾鳍却小到几乎看不见，因此它们看上去好像后面被切掉了一样。它们的鳞片都进化成粗糙的表皮。

翻车鱼游动时主要是靠背鳍和臀鳍摆动来提供动力，所以可以想到，它们的游泳技术实在不怎么高超并且速度缓慢，因此它们很容易就被定置渔网捕获。

翻车鱼以水母、浮游动物为主要食物，不过它们的食谱里还有鱼类和海藻。它们会用小巧的嘴巴铲起食物然后吃掉，那小小的樱桃嘴跟它们庞大的身躯看起来极不相称，但是翻车鱼就是靠这小小的嘴巴给自己庞大的身躯提供能量的。

海洋鱼类大多游泳速度快，但有趣的是，翻车鱼并没有很好的游泳能力，它们只能依靠两片特长的背鳍、臀鳍摆动控制游动方向，它们大多行动都是极其缓慢的，或者索性随波逐流。

奇怪的翻车鱼

它们总是在天气好时，将背鳍露出水面当作风帆，并随风向漂浮，这样它们可以一边在海面上晒太阳，一边旅行；但当天气变坏时，它们会侧过身来，并浮于水面上用背鳍以及臀鳍划水游动。

翻车鱼的繁殖过程是十分有趣的。到了生殖季节的时候，雄鱼会在海底找到一块理想的场地，然后用它们的胸鳍和尾巴奋力挖开泥沙，努力筑成一个凹形的“产床”，然后它们就引诱雌鱼进入“产床”产卵。但是雌鱼可不是好妈妈，它们产下卵之后便会扬长而去。在此之后，雄鱼会在卵上射精，并从此担负起护卵和育儿的重任，一直到幼鱼长大。

翻车鱼是鱼类产卵冠军，其他普通鱼类中产卵几百万粒算不少了，而翻车鱼却一次产卵量就有3亿粒。但翻车鱼所产的卵都是浮性卵，很容易就被别的鱼类吃掉了，因此翻车鱼虽然产卵很多，但真正能够存活的却很少，这就导致了见到和捕到翻车鱼都是很难的事。

由于翻车鱼的性情非常温顺，常常会受到人类和海狮的攻击，数量也因此更加稀少。

所向披靡的章鱼

章鱼，又称石居、八爪鱼、坐蛸、石吸、望潮、死牛，属于软体动物门头足纲八腕目。章鱼有8个腕足，腕足上有许多吸盘；有时会喷出黑

章鱼

色的墨汁，帮助逃跑。有些章鱼有相当发达的大脑，可以分辨镜中的自己；也可以走出科学家设计的迷宫，吃到迷宫中的螃蟹。

章鱼之所以在海洋当中是非常厉害的一种动物，因为它有五大法宝。

它的第一法宝就是有八条触手，像带子一样在海中漂浮着，所以有的渔民又把章鱼叫八带鱼。每一条触手上有300个吸盘，能牢牢地抓住猎物，落入其手的猎物没有能逃脱的。而且章鱼在睡觉的时候，总有一两条触手在值班，一旦碰到危险,触手马上能做出反应,惊醒章鱼。

章鱼的第二法宝是它能够变色，而且章鱼的变色能力在所有的海洋动物当中是首屈一指的，它一次可以变出六种颜色。它的身体改变颜色能和周围几乎一样，让对方很难看出它的存在。所以它能很好地捕捉猎物和躲避敌害。

乌贼

第三个法宝是章鱼能够喷射墨汁。章鱼像乌贼一样，身体里有一个墨囊，它能一次、两次，或者连续六次向外喷射墨汁，墨液不但浓郁，还含有麻醉物质，在危险的时候能搅混现场，弄昏对手，从而保护自己逃脱。

乌贼

许多人认为章鱼就是乌贼，其实它们是有区别的。章鱼只有八条腿，乌贼却长着十条腿，其中两条特别长，末端有许多能够吸住物体的突起，叫吸盘。有些乌贼的长脚上还长着爪子，它们既是捕捉食物的工具，也是同“敌人”搏斗的武器。乌贼行动敏捷，最快每小时能游150千米，有的还会冲出海面，滑翔几十米，有海上“活火箭”的称号。

乌贼主要吃鱼、虾，遇到敌害时，用两大法宝来对付。第一是“放烟幕弹”，把体内墨囊里的墨汁喷出来，将周围海水染黑使“敌人”迷失方向，丧失攻击能力。第二是变色本领，明明是黑色的乌贼，一会儿却变成了黄色，转眼间又变成了红色，使“敌人”捉摸不透，只好停止追击。

第四个法宝，我们绝对难以想到,那就是章鱼有很强的再生能力。它能在危急关头“壮士断腕”，舍弃几条触手逃得性命。如果章鱼碰到劲敌逃跑不了，它只好把它的八条触手扔出几条给对方，趁对方吃触手时章鱼赶快溜走。更神奇的是它断触手的地方，肌肉能收缩，也不流血。过不了几天就在它断触手的地方又长出一个新的触手。

第五大法宝，就是章鱼的捕食能力了，它有变形脱身的绝技。章鱼是软体动物，没有骨骼，能任意变形，能通过很小的狭缝孔洞移动身体，所以被它追捕的猎物根本是无处可躲的。

章鱼本身就特别聪明，在实验中发现它居然会自己旋开瓶盖。加上五大法宝，章鱼自然称得上是海洋之精了。

19世纪初，一艘轮船载着为日本皇室搜罗的高丽珍贵瓷器在日本海沉没了。100多年间，尽管人们清楚地知道沉船的地点，可是，连最好的潜水员也无法潜到这么深的地方。后来有几位渔民产生了一个绝妙的想法：为何不请章鱼帮忙呢？

于是，他们捕捉了一些章鱼，将它们拴上长绳子，然后放到装载瓷器的沉船处。这些章鱼沉到海底，一发现各种各样的陶瓷器皿就纷纷钻了进去。渔民觉得是时候了，便小心翼翼地将绳子提起，极为顽固的章鱼一点也没觉察出来。于是，这些执着的“打捞工”，就这样一件一件地将沉船里的贵重瓷器打捞上来。

章鱼似乎对各种器皿嗜好成癖，渴望藏身于空心的器皿之中。一次，人们在英吉利海峡打捞出一个容积为9升的大瓶子，发现里面藏着一条章鱼。这只瓶子瓶口直径不足5厘米，身粗超过30厘米的章鱼，却能将伸缩如橡皮筋般的身子钻进瓶子。

鉴于章鱼有钻器皿的嗜好，人们常常用瓦罐、瓶子等渔具捕捉章鱼。日本渔民每天早晨将各种形状的陶器拴在长绳子上沉入海底。过上几个小时，渔民们将陶器提上来时，章鱼还极为固执地不肯从舒适的房舍中钻出来。这时，只要往罐中撒一点盐，章鱼就会从避身之处出来。印度渔民使用的方法与此类似,但不是用陶罐,而是用大海螺壳。

抹香鲸

他们往往将上百只大海螺壳织成捕捉网，每天可捕到二三百条章鱼。古巴渔民则用风螺壳来诱捕章鱼。突尼斯渔民更绝，把排水管扔到海底，也能捕捉到章鱼。

海底的霸主到底是谁

深海里并不是风平浪静的，里面有很多血腥与杀戮。现在科学家一直在寻找的10米长以上的霸王章就生活在这片终年不见天日的海底。至今为止还没有人见过其真正的样子，但是霸王章的天敌是抹香鲸，科学家曾经在抹香鲸的肚子里面发现直径有20厘米的巨型章鱼牙齿。科学家断定这条章鱼就是霸王章。然而霸王章的天敌居然是抹香鲸，这就意味着深海里它们一直持续着血腥与杀戮。

能杀人的蟹

蟹类，一般是不具备攻击人类的能力的，但有一种蟹，是可以杀死人的，人们叫它杀人蟹。

杀人蟹，又叫巨型蜘蛛蟹，它可以称得上是世界上最大型的甲壳动物了，它像一只巨型的蜘蛛一样在日本海底横行，间或出现在海面上，将游人拖入海洋里杀死。

杀人蟹成体宽度有30厘米以上，但如果它伸展开蟹爪，就足有3米长，最长的可达4米。当它站立起来的时候，比小孩子还要高，非常骇人。它因身体小巧和长而锋利的蟹爪,形似蜘蛛而得名蜘蛛蟹。杀人蟹拥有蟹类最长的前螯和坚硬的背甲，是日本海底的霸王。

杀人蟹不是日本海的原生物种，日本很多生物学家经过调查确定，杀人蟹是蜘蛛蟹的血亲。日本海的蜘蛛蟹通常生活在海平面以下3600米的深海中，本身体形不大。但是由于苏联曾多次将核废料倾倒在日本海，废料残余的核辐射使部分蜘蛛蟹发生了变异，它们不仅体形变大，而且性情变得非常残忍，这还不算，最让人匪夷所思的是，杀人蟹还会在繁殖期成群结伙迁徙到浅海，这时候的它们就会给渔民和游人带来生命威胁。

杀人蟹

平时它们深居海底，靠捕食鱼类生存，它们体形庞大，力大无穷，动作灵活而敏捷，它们会用它们那巨大的前螯抓住每一条从它们身边游过的小鱼，然后将它们吃掉。但是它们常常出现在海滩和海面上，迅速袭击人类，让人防不胜防。

杀人蟹会无声无息地漂浮在海面上，将身体隐藏在海水中，用潜望镜般的眼睛扫视海面的动静，如果这时候有人接近它，就等于被死神盯上了。发现猎物后的杀人蟹会隐匿踪迹、悄无声息地潜游到猎物身边，当它确定好目标位置后，它会立刻用它那八条利爪将人整个围在当中，它的爪尖刺入人体的血肉中之后，就会马上将人拖入深水，同时它的巨大前螯会频繁而猛烈地攻击猎物的头颅和脖颈，被劫掳的人会因窒息或大量失血而失去反抗能力，只能被它拖入深海，性命不保。

杀人蟹有时会登陆海滩作恶，它们不仅擅长潜游，还非常擅长在海滩上奔跑，它们会突然向海滩上的游客跑去并发起袭击。有一次，一只杀人蟹在海滩上捕杀了一个小女孩，当时有数十个渔民都赶来营救，可是杀人蟹非常凶悍，它不仅没有放还那个受害的小女孩，还同当地渔民展开打斗，并刺伤了好多渔民，当时的场面非常惊险，最终人们虽然救下了小女孩，但小女孩当时已经身亡。

还有一次，一名日本船员在船上钓鱼，被潜藏的杀人蟹发现，它偷袭了那名日本船员。这名日本船员很有经验，他死死抓住船舷，以保证自己不被杀人蟹拖入海中，并拼命呼救。当同船的海员赶来的时候，那只杀人蟹的巨螯已经深深刺入他的骨头，同伴们上前用铁棍一顿狠敲，才把杀人蟹的前螯打断，将受害船员救回船上。当他被送回陆地医院的时候，他被刺伤的手臂已经错位骨折了。他说他会永远记得当时被杀人蟹劫持时那死去活来的感觉，以及杀人蟹虽然被打断一只前螯却还耀武扬威的样子。

大海流浪者——海狮

作为一种生活在海洋中的大型动物，海狮因其体形大，力气也大，对人类攻击常常造成严重后果，而被列入危险动物行列。

海狮，因为面部长相酷似陆地的兽中之王“狮子”而得名。海狮是生活在海中的哺乳动物，以鱼、蚌、乌贼、海蜇等为食，多为整体吞食，有时海狮也会吞食小石子，这是利用小石子的挤压和摩擦，增加消化

海狮一家

系统的消化能力。

海狮与海豹的区别

海狮和海豹的外形很像，很多人常常将它们混淆。辨别海狮和海豹的技巧是：海狮的头上长有小小的耳朵，而海豹的耳朵只是一个小孔。海狮的后肢可以转向前方，在沙滩上可以用来走路。而海豹却不能，它只能靠前肢拖着身体匍匐前进，非常吃力。

海狮是大海里的流浪者，它们没有固定的居所，每天为了食物而在大海里到处游荡。它们偶尔也会来到岸上晒晒太阳，而夜里，它们要在岸上睡觉。

海狮中最著名的就是北海狮。北海狮又名北太平洋海狮、斯氏海狮、海驴等，是地球上最大型的海狮，因其叫声如同狮子吼，而雄兽的颈部生有鬃状的长毛，再配上超大块头的身体，显得威风凛凛，因而有“狮子王”的美誉。

傲气的海狮

北海狮雌雄之间形体差异非常大，雄海狮体长300厘米以上，体重可达一吨以上，成年雄海狮颈部周围到肩部生有长而粗的鬃毛，而它的体毛为黄褐色，背部较胸腹部毛色浅。雌海狮体长250厘米左右，体重约为300千克。雌兽体色较雄兽偏淡，它的头顶微微凹陷，吻部细长，外耳壳长，长度可达5厘米。海狮的前肢比后肢长且宽，前肢第一趾最长，爪退化。后肢的外侧趾比中间三趾长而宽得多，中间三趾具爪。这些形体特征都是为了便于潜水或游泳。

海狮在海水中对声音非常敏感，但它们不是靠耳朵去听，而是靠它们的胡子。

海狮的婚姻观念非常开放，雄海狮可以占有许多雌性，这是为了最大限度地达到繁殖、延续后代的目的。

每年的5月到8月，是海狮的繁殖期。这时一只雄海狮会与十只以上的雌海狮组成一个庞大的家庭，生物学家称其为“多雌群体”。首先是身强力壮的雄海狮会结束海洋里的流浪生涯，在岸边寻找繁殖场所，在海滩上或岩礁上确立自己的领地，当然，这个过程中往往会有一些斗争。随后，雌海狮们会成群结队浩浩荡荡赶来安家，海岸上开始呈现热闹非凡的景象。雄海狮们会站立在自己的领地上，热烈欢迎异性的到来，在此过程中，它们会物色好自己的“后宫”，然后开始争夺配偶，这时候的斗争会异常激烈，而最终获得众多雌海狮青睐的雄海狮，往往是体形硕大，身体强壮的“海狮王”。最终雄海狮会和自己抢夺来的雌海狮们组建自己独立的王国。但雌海狮并不会马上就跟雄海狮交配，此时它们腹中的幼崽已经成形，即将分娩，这时候的它们要为生育做准备，待产下幼仔后一周，才能跟雄海狮交配。海狮的分娩大约10分钟，而且没有什么痛苦，幼仔成活率也很高。

雌海狮每胎产仔一只，幼仔体长1米左右，重约20千克，体色为黑棕色，出生就可以活动，但要母亲照料。雌海狮的乳汁较浓，脂肪含量高，每天只需哺乳一两次，就可以保证幼仔生长所需营养。雌兽产下幼仔后第5个星期内就可以下海觅食，要每隔两三天才会回到产仔处，所以海狮的乳汁需要极高浓度，以保证幼仔不会在母亲不在时饿死。母兽觅食归来后，会用声音跟幼仔联络，虽然繁殖地有众多海狮，声音嘈杂，但母兽和幼仔还是能够辨别出彼此的声音，在母兽连声高叫后，幼仔听到母亲的召唤，

会立刻高叫回应，并快速向母兽叫声的方向移动，母兽也迅速向幼仔靠拢。它们相聚之后，除了用声音联络外，还要辅以嗅觉，互相嗅对方身上的气息，只有确认无疑了，母兽才会给幼仔喂奶。但如果母兽确定这不是自己的孩子，不仅不会为之哺乳，甚至还会用牙将其叼起，抛向远处。这种状况如果被此幼仔的母亲看到，会立刻与欺负自己孩子的母兽厮打起来。

海底的“和平共处”

海洋世界和陆地上一样，同样充满弱肉强食、互相残杀的情形。但是水生家族之间，也流传着相敬如宾、友爱相处的佳话，相互之间甚至结成互利合作的“国际联盟”。

水生家族中，各有其所长所短。有些水生动物，靠结成同盟，扬长

美丽的双锯鱼

双锯鱼和海葵

避短而生存。

海洋中，有一种小鱼叫双锯鱼。它很喜欢打扮自己，身上穿着色彩艳丽的“外衣”。也许是太招人惹眼的缘故，它常遭到大鱼的捕食。但当大鱼猛扑过来时，双锯鱼常会把身体一扭，从容地躲进海葵触手丛中，而那条大鱼却像触电一样，全身痉挛，落入陷阱。原来，海葵的触手上有许多含有毒液的刺细胞，来犯的鱼一旦撞上，就被蜇得中毒而死。而双锯鱼的皮肤上能分泌出一种黏液，对海葵的毒液有特殊的抵抗能力，因此不致受害。就这样，海葵和双锯鱼结成了“神圣同盟”：海葵成了双锯鱼活的“掩体”；作为回报，双锯鱼平时常主动清除海葵皮肤上的寄生物，来犯的鱼被海葵毒死后，双锯鱼就和海葵一起共同分享胜利果实。

珍珠鱼与海参的关系可谓亲密无间。小小珍珠鱼为了防止敌人伤

害，干脆钻进了海参的肚子里生活。为了进出方便，它身体表面的鳞片退化了，皮肤富有黏液，腹部本来长着鳍的，为了进出不碍事，也退化掉了。也就是说，珍珠鱼的身体构造来了个重新调整，一切服从在海参肚子里生活的需要。

起先进了海参的肚子里，需要大小便时，为了不弄脏海参的肚肠，小珍珠鱼就钻出来“解手”。可是，常常在这个时候，会遇到敌害的袭击，慌乱之中，小珍珠鱼有时找不准海参那本来就小的肛门口，只得束手就擒。

生存斗争的需要，使得小珍珠鱼的肠子拐的弯长，将肛门口由后面长到了脑袋上。这样，需要“解手”时，只要从海参的身体里露出点头就行了，敌害发现了也奈何不得。

五花珍珠鱼

皇冠珍珠鱼

在日本，人们把海绵和俪虾的“偕老同穴”，视为忠贞不渝的爱情象征。

硅质海绵生活在深海多泥沙的地方，它的身体形状很像个长形的笼子，上面有许多小孔，俪虾在幼年时就从海绵身上的小孔中游进去，长大以后就无法出来了。俪虾主要吃微小的浮游生物，而海绵也是以此为食。海水从海绵身上的小孔中流进流出，把浮游生物送进孔内供海绵和俪虾进餐，俪虾在海绵身体内既安全又可以获得丰富的食物。它们相互之间又没有什么伤害，因

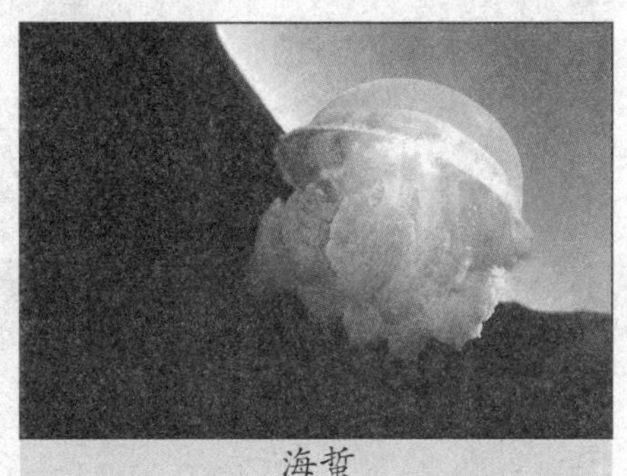

海蜇

此，相依为命，白头偕老。

海蜇没有眼睛，却能够在海洋里自由遨游，靠的是"海蜇虾"导航指路。几乎每个海蜇身上都生长着一个小虾，它们相依为命，配合默契。海蜇在海里"瞎游"，机敏的小虾一旦发现"敌情"，或想改变方向，便用头上的芒刺戳一下海蜇，海蜇一受到刺激，就像收到信号一样，立即行动起来，或潜逃，或转向。小虾那枚芒刺，人称"指挥刀"。

形形色色的哺乳动物

1. 一夫多妻的海豹

海豹别名海狗、腽肭兽，是海洋哺乳动物。海豹体形不大，体长1.5 ~ 2米，最大的个体重150千克。海豹身体浑圆呈纺锤形，毛被稀疏，背部黄灰色，缀以暗褐色的斑点，腹面黄白色。海豹的尾很短，前、后肢均呈鳍状，适于水中生活，后肢不能曲向前方，因此海豹不能在陆上行走。海豹的游泳本领很强，速度可达每小时27千米，同时又善潜水，一般可潜100米左右，南极海域中的威德尔海豹则能潜到600多米的水深处，持续时间长达43分钟。海豹大部分时间栖息于海中，交配、产崽、哺乳和换毛时才到陆地或冰块上来。海豹主要吃鱼类，也吃甲壳动物和贝类软体动物。

海豹社会实行"一夫多妻"制。

海豹

在发情期，雄海豹便开始追逐雌海豹，一只雌海豹后面往往跟着数只雄海豹，但雌海豹只能从雄海豹中挑选出一只。因此，雄海豹之间不可避免地要发生打斗，它们相互用牙齿狠咬对方，直到将对手咬得毛皮撕裂、鲜血直流不能战斗时方才罢休。

2. 潜水冠军——海象

海象即海中的大象。它身体庞大，体长 3 ~ 4 米，体重 1300 千克左右。皮厚而多皱，体毛稀疏、坚硬，眼小，视力差，长有两枚长 30 ~ 90 厘米的长牙。海象的四肢因适应水中生活已退化，因而它不能像大象那样步行于陆上，仅靠后鳍脚朝前弯曲，以及獠牙刺入冰中的共同作用，才能在冰上匍匐前进。海象主要生活于北极海域，是北极特产动物。海象喜群居，性情懒惰，其一生中大部分时间都用在睡懒觉上。在众多的海洋动物中，海象是最出色的潜水能手。海象一般能在水中潜游 20 分钟，潜水深度达 500 米，个别的海象可潜入创纪录的 1500 米的深水层，大大超过了一般军用潜艇。海象潜入海底后，可在水下滞留 2 小时，一旦需要新鲜空气，只需 3 分钟就能浮出水面。

长着大牙的海象

你知道吗

海象的肤色

海象在陆地上与海水中皮肤的颜色不一样，因为在陆上血管受热膨胀，呈棕红色。在水中，血管冷缩，将血从皮下脂肪层挤出，以增强对海水的隔热能力，因而呈白色。

海象虽为庞然大物，但它对北极鲸和北极熊却十分恐惧。北极熊可用力大无穷的熊掌将其脑袋击碎，然后美美吃上一顿。当海象在水中遇到虎鲸时，双方便会展开一场你死我活的激战，这时海象便采取集体防御的策略，奋起进行自卫。

3. 黄鼠狼的近亲——海獭

海獭又叫海虎，是生活在北太平洋的一种小型海洋哺乳动物，主要以贝、蟹和海胆为食。海獭属

游泳中的海獭

于鼬科动物，与陆地上的黄鼠狼是亲戚，但它比黄鼠狼却大多了。成年海獭体长1.3 ~ 1.5米，体重30 ~ 45千克。海獭身体浑圆，脑袋小而尖，后肢长而宽扁，趾间有蹼，尾巴很长，约占身体的1/4，游泳时可以当舵用。海獭擅长潜水，经常潜到3 ~ 10米处活动，有时潜到50米深的海底寻找食物，它几乎不到陆地上活动，也从不远离海岸。夜幕降临时，它能在海面上过夜睡觉。与其他海兽相比，海獭的游泳速度算是比较慢的，每小时仅10 ~ 15千米。

海獭身上对人最有价值的部分是它的皮毛。海獭拥有一身厚厚的皮毛，平均每平方厘米有毛12.5万根，同时皮毛上还有一层脂肪，即使在深水里也能滴水不透。海獭的毛呈深褐色，有光泽，柔软、蓬松而美丽，是制作皮帽、皮领和皮大衣等御寒衣物的名贵材料。

第二章
摄人心魄的海底之谜

浩瀚的海洋孕育了丰富多彩的海洋文化。大海的神秘、险恶和变幻无常，使它对人类有着巨大的挑战性，海洋成了展开想象的翅膀、考验和显示人类意志力量的理想场所。人们对海洋的认识非常有限，对于一些发生在海洋上的现象，还做不出科学合理的解释，所以诸多有关海洋的神话和就诞生了。

神秘的海底之光

1967年，埃及和以色列正处在战争状态，双方的士兵经常互相袭击。一天晚上，一队配备着现代化武器的以色列士兵正在西奈半岛海岸巡逻。突然间，他们发现前面的一片珊瑚礁旁有绿色的荧光团在闪闪发光。士兵们立即紧张起来：莫不是埃及士兵要从海上来登陆偷袭？面对这一严重情况，以色列的指挥官决定先下手为强，命令士兵向敌人发起进攻，冲锋枪朝着那团荧光猛烈扫射，手榴弹准确地在珊瑚礁上炸响，一会儿过去了，却不见对方有丝毫反应，难道敌人全部被歼灭了？于是，士兵们呐喊着冲到珊瑚礁前，都准备争个头功。不曾想到的是，士兵们见到横七竖八躺着的都是黑色小鱼，鱼眼发出幽绿色的荧光。原来，“偷袭者”竟是一群黑色的小鱼。

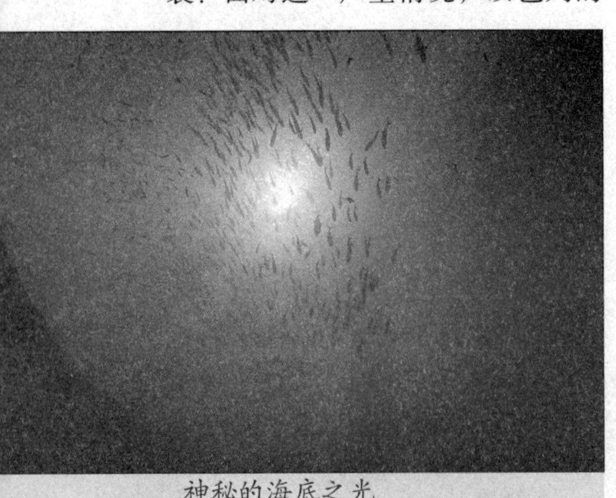
神秘的海底之光

事后，经生物学家的鉴定，才知道这是一种白天栖息在海底洞穴中、夜晚出来活动的光脸鲷。这种鱼的头大嘴小，在每只眼睛的下方都长有一个黄豆般的发光器官，它的亮度与一只电力稍弱的手电筒一样，在漆黑的海水中，潜水员在15米外都能看见这种光亮。

其实，在海洋中有几千种生物能发光。据科学家的测算，在终年漆黑如墨的深海底，90%的生物会发光。1945年，法国一位潜水员，乘深海潜艇潜入2100米深的海底，当他打开探明灯时，看到一幕瑰丽的海底焰火：一只长约45厘米的乌贼，从漏斗中喷射出一滴闪光的液体，在深海中很快散发成光焰夺目的绿色焰火。随之，另外两只乌贼又喷出两滴闪光液体，在水流的作用下，形成一大片令人眼花缭乱的

流体焰火云，在水中持续了近5分钟。生活在印度洋约3000米深海底的乌贼有着同时发出3种光亮的本领：肛门上的两个发光点发出铁锈色的光，腹部发出青光，两眼发出蓝光。深海中的翻车纯，则是红、黄、蓝、白光交相辉映，在黑色的海幕上，相映成趣，煞是好看。

光脸鲷

还有一种生活在海底的鱼，更为奇特，它能把发出的光照进自己的气囊内。它的气囊颜色是银白色的，能够反射射入气囊的光，通过肌肉发生散射，使鱼的整个下部发出奇异的光亮，当它在深海中游动时，活像一只浮动着的飞碟。

海洋生物为何会发光？水生生物学家经研究得知，它们发光的原因之一是为了防御其他动物的侵害。乌贼在漆黑的深海中发出光芒四射的光带或烟云，使得天敌眼花缭乱，它便趁机逃之夭夭；光脸鲷在受到敌方威胁时，突然亮一下发光器，以迷惑对方视线，接着，迅速关闭光源，改变自己游弋的方向，等猎捕者赶到，光脸鲷早已不知去向；还有一种叫海鳃的动物，竟会用“借刀杀人”的办法，当敌方接近它时，它便发出光来，照射在“侵犯者”身上，使“侵犯者”原形毕露，被更大的掠食动物捕获。

鱼类通常都有趋光性。海底生物发光的另一个原因，就是用光来诱捕或猎取食物。鲼鲸鱼便是其中之一。它的头顶上有一个长着倒刺的“钓竿”，长度约为自己体长的12倍，“钓竿”的顶端有一盏可随意发出柠檬色、红色、蓝色和白色光的“灯笼”。它在水中摇来摆去，诱惑小鱼向它靠近。在小鱼还没弄清怎么回事时，它就一口把小鱼吞掉了。枪乌贼的手段也不差，它那15倍于体长的触角的触腕上，覆盖着既毒又黏的花蕾腺体，在海底闪闪发光，吸引着甚多的无辜者自投罗网。

海洋生物发光的原因还有一个更为普遍的功能——寻找同伴、引诱异性。美国加利福尼亚大学的生物学副教授莫林，曾经做过这样一个有趣的试验：把两条从海底捕获的电筒鱼带回实验室，将它们置入暗室里的相邻透明的水箱中，发现这两条鱼用迅速开闭发光器的方式互相打着信号。当莫林教授把一块黑色的木板置于两水箱之间时，这种闪光的“灯语”便立即停止了。

给海洋底部带来神奇光彩的远不止鱼类，早在18世纪中叶，法国的特夫因侯爵在海上探险途中，就曾从深海底打捞上一簇灌木状的发光珊瑚。当时，它正放射出比“20个火炬”还要明亮的火焰，把黑夜照得通明。为此，特夫因在航海记事上这样写道：“所有的珊瑚枝条上都在放射着灿烂夺目的光焰，它们忽明忽暗，变幻莫测，忽而由淡紫色变成深紫色，忽而由红色变成橙黄色，有时又由淡蓝色变成浓淡不同的绿色……光焰最亮时，6米外的地方，报纸上最小的字都能看到。15分钟后，光焰熄灭了，而珊瑚全变成了枯枝。”

海底绝非暗无天日的世界，如果你置身海底，展现在你眼前的必定是一个群星璀璨的“天空”，闪耀着的“星星”，宛若一条生命的银河，装点着无垠的海底世界。

古老的海上神话

“精卫填海”是中国远古神话中最为有名，也是最为感人的故事之一。炎帝有一个小女儿，叫女娃。一天炎帝不在家，女娃便独自驾着一只小船向东海太阳升起的地方划去。不幸的是，海上突然起了狂风大浪，像山一样的海浪把女娃的小船打翻了，女娃不幸落入海中，终被无情的大海吞没了。女娃死后变成了鸟，名字就叫“精卫鸟”。精卫痛恨无情的大海夺去了自己年轻的生命，所以，她要填平东海。于是，她一刻不停地从山上衔小石投到东海里面，从不停息。

在希腊神话中，波塞冬是克洛诺斯与瑞亚之子，宙斯之兄，地位仅次于宙斯，是希腊神话中的十二主神之一。与提坦神的提坦之战结束之后，波塞冬成为伟大而威严的海王，掌管环绕大陆的所有水域。他用令人战栗的地动山摇来统治他的王国。他有呼风之术，并能掀起或平息狂暴的大海。尽管他在奥林匹斯山有一席之地，但是大部分时间都住在海洋深处的金色宫殿里。爱琴海附近的希腊海员和渔民对他极为崇拜。

不光西方有丰富灿烂的海上神话，东方关于大海的神话和故事也不少。最被人熟知的如“哪吒闹海”“八仙过海”等。八仙过海最早见于杂剧《争玉板八仙过海》中。相传白云仙长有一回于蓬莱仙岛牡

哪吒闹海

丹盛开时，邀请八仙及五圣共襄盛举，回程时，八位神仙没有搭船，各自想办法渡过了大海，这就是后来“八仙过海、各显神通”的起源。其实，有关大海的神秘，都少不了美人鱼的传说。而世界各地有关美人鱼的传说很多,也十分美丽动人，其中要数安徒生童话里的“海的女儿”，最为感人。安徒生著名的童话故事《海的女儿》中的人物小美人鱼的铜像，人身鱼尾的小美人鱼坐在一块巨大的花岗石上，恬静娴雅，悠闲自得。它不但打动过无数读者的心，也给漂泊在海洋中的海员以美好的憧憬与祝愿。

深海恐惧症

“深海恐惧症”其实就是恐惧症的一种，同样产生的原因有很多，但总的来说与患者过去的恐惧经历有很大的关系。这样的恐惧症患者往往是因为害怕无法逃离所处的情况而感到恐惧。患有恐惧症的人有一个共同的特点，即患者明知自己的恐惧与焦虑是过分的、没有必要的、不合理的，但却无法控制，从而影响正常的生活和工作，内心有痛苦感。

“魔鬼海”的奥秘

神秘莫测的百慕大三角是令人生畏和难以捉摸的海区，有不少舰船和飞机在那里惨遭不幸或无缘无故地销声匿迹。直到今天，科学家也未能解开它的神秘之谜。

正当海洋学家们为寻找打开百慕大三角之谜的钥匙而绞尽脑汁之时，又一个“百慕大”出现在科学家们的面前——在日本千叶县野岛崎以东洋面上，出现了一个以沉没巨轮而闻名的“百慕大”，人称太

“魔鬼”居住地百慕大

平洋上的“魔鬼海”。

野岛崎位于日本房部总牛岛的最南端，1703年，一场大地震使海底隆起来而变成了牛岛，与横须贺隔海相望，其间便是船舶进出东京湾的门户——浦贺水道。

所谓“魔鬼海”，就是指北纬30° ~ 36°、东经144° ~ 160°的一片海域。

1969年1月5日，日本5.4万吨的矿砂船“博利瓦丸”在该海域被折成两截，31名船员中只有两人获救；1970年1月5日，利比里亚万吨级油轮“索菲亚”号断成两截沉没；接着，另一艘万吨级油轮“安东尼奥斯·狄马迪斯”号在2月6日沉没了，两艘船上共有16名船员失踪或死亡；2月9日，一艘6万吨级的矿砂船“加利福尼亚丸”号在“魔鬼海”沉没；1980年底，一艘由美国洛杉矶驶往中国的南斯拉夫货轮“多瑙河”号在“魔鬼海”遇到险情后突然失踪了；1981年1月2日下午5点47分，希腊货轮“安提帕洛斯”号在“魔鬼海”突然失踪。科学家们发现，在“魔鬼海”附近失踪的船舶有的竟连无线电呼救信号也来不及发出；有的虽发出了“SOS”信号，但是当救助飞机赶到时，巨轮早已无影无踪，在海

魔鬼地带——百慕大三角区

面上仅留下漂浮物和浮油。

“魔鬼海”沉船的奥秘究竟在什么地方？据海洋气象学家观察，北太平洋冬季的风浪是很大的，但对于万吨特别是几万吨以上的巨轮来说，这些风浪实在无法将其掀翻或折断。不过，科学家们认为，“魔鬼海”附近的风浪与北太平洋其他海域的风浪不太一样。在“魔鬼海”，常常会看到能掀起高达20～30米高、金字塔形的“三角波”。

“三角波”就是巨轮沉没的罪魁祸首！可“三角波”又来自何处呢？海洋科学家们作出了很多猜测，但由于人类还未能获得“魔鬼海”的第一手资料，因此，也仅仅是猜测而已。

“三角波”成因猜测之一。野岛崎以东海底是火山和地震活跃的地带，当海底火山喷发或海底地震爆发时，将形成巨大的恶浪，这巨大的恶浪就是人们见到的“三角波”。

“三角波”成因猜测之二。“魔鬼海”处于从各方来的海浪的交汇处，在恶劣的天气条件下，来自不同方向的波浪和涌浪在此处叠加成奇峰异波。

“三角波”成因猜测之三。“魔鬼海”是世界著名的暖流——黑潮所流经的海域，水温较高，而从西伯利亚吹来的冷空气的前锋也正好到达这一地带。每到冬季，这里的水温和气温相差常在20℃以上，因而海面上空经常产生上升气流，低气压的寒冷锋面过后，往往造成风向的突然改变，从而导致海面产生“三角波”。

三种猜想，似乎都有一定的道理。为了揭示“魔鬼海”之谜，保证北太平洋冬季航行的安全，日本已决定在“魔鬼海”上建立自动观测海洋浮标，记录大洋波浪、气压、风力、海流等数据。此外日本还决定派出海洋调查船，对“魔鬼海”海底地形、海洋气象、海洋环境做全面调查，以便从根本上解开“魔鬼海”兴风作浪、沉船覆舟之谜。

海底失落的文明之谜

在人类历史上，曾经存在着许多辉煌灿烂的文明，它们有的记录在史书中，有的遗存在地面上，或具体生动，或残缺不全；也有一些文明，历经沧海桑田，已经很难再寻到痕迹，有的则沉睡在了深深的海底……要想重拾深藏海底文明的往日辉煌，就需要人们对神秘莫测的海底世界进行考察和探究。

在众多失落在海底的文明中，古代埃及的两座城市——赫拉克利

翁古城和东坎诺帕斯古城的发现吸引了众多关注的目光。

公元前500年前后，埃及北海岸尼罗河入海口，曾经存在着以繁华富有和规模宏大而闻名于世的赫拉克利翁古城和东坎诺帕斯古城。这两座古城曾是埃及的商贸中心，希腊船舶也大多经此从尼罗河进入埃及，市列珠玑，户盈罗绮，车水马龙，一派繁华景象。另外，它们还是很重要的宗教城市，建于城中的神殿每年都会吸引全球各地大量信徒前往朝圣。由此，我们不难想象古城当时盛世繁华的景象。可惜"好花不常开，好景不常在"。古城繁华的景象没有感动历史的变迁，终于，在每年尼罗河洪水的无情泛滥下古城渐渐淹没于水下。

在没有关于古城的确凿文物出现之前，我们对赫拉克利翁古城和东坎诺帕斯古城的了解只能是来源于古代典籍上的零星记载。据公元前5世纪时希腊历史学家希罗多德在书中的描述，这两座城市似乎是地中海上的岛屿，这引起了众多历史学家和考古学家的兴趣，并开始对它们进行探索与研究。

尼罗河风光

法国考古学家弗兰克·高迪奥多年来一直在位于尼罗河三角洲西面的阿布齐尔海湾进行探查，在2000年之前他都没有任何发现，到2000年时，高迪奥才满心欢喜地在7米深的海底发现了两处有着残墙、栏杆,已倒塌的庙宇和雕塑等遗址。距离今天的海岸线1.6千米处有第一处遗址。经过深入挖掘，以高迪奥为主的考古团队还发现了一些护身符、钱币、珠宝首饰等，据估计应该是公元前600年的物品。通过石板上记录的文字，得知城市名应该为赫拉克利翁；通过上面刻着的税务法令及相关文字，得知签署者为奈科坦尼布一世。除此之外，考古团队又确认了两座分别供奉古希腊神话中的英雄赫拉克利斯和埃及主神的庙宇。在赫拉克利翁神庙以北的地方，还发现了大量青铜器，估计当时应该是用于祭祀的。在数千米之外，考古学家还发现了第二处遗址，经考古学家鉴定，认为它应该是东坎诺帕斯古城。

经过后续的研究工作，考古团队认为这两座古城建在泥沙地上，没有足够的地面支撑，加上尼罗河洪水泛滥，地基在洪水的冲刷后，不断下沉，天长日久，洪水就把古城淹没在了水下。

湛蓝的大西洋

沧海桑田，历史变迁；斗转星移，风云变幻。曾经的赫拉克利翁和东坎诺帕斯古城都已成为历史，它们的容颜，它们的生命，它们的繁华，都已成过往，却在海底留给世人一种残缺之美，遗址在那里浅吟低唱，诉说着当年的灿烂辉煌……

历史不可能重现。这两座古城的繁华景象只能靠我们去想象了，但是海底探索的旅程没有终点，海底依旧深藏着太多的秘密，等待着人们去探索、去发现……

变幻莫测的大西洋坟场

1. 大西洋的南坟场

美国东海岸，北纬 35°14′、西经 75°31′ 处有一条狭长的沙滩，叫作“外浅滩区”。它把碧波万顷的大西洋同美国大陆蜿蜒曲折的东海岸相隔开，其最狭窄处只有百米宽，最宽处也不超过 4 千米。大西洋的汹涌波涛把外浅滩区冲出一道道缺口，切割成几个小岛，其中比较大的有哈特勒斯岛、奥克拉科克岛、罗安诺克岛和朴茨茅斯岛，构成了举世闻名的死亡之地。俗称大西洋的南坟场。

哈特勒斯角海区是世界上最危险的海区之一。那里浅滩簇簇，海流复杂，风云突变，浓雾沉沉，即使是经验丰富的老海员途经此地时，也是提心吊胆。

世界上最大的海流——墨西哥湾暖流，以每秒 5500 万立方米的流量在哈特勒斯角转向，浩浩荡荡折向东去，与北方南下的拉布拉多冷海流相遇，使这一带的气候变得非常复杂。这里会形成巨大的激浪裹挟着沙石和贝壳向海岸扑打。冬季来临时，拉布拉多冷流的强大冷锋又使这里产生浓雾和雷暴。

什么是雷暴

雷暴是伴有雷击和闪电的局地对流性天气。它通常伴随着滂沱大雨或冰雹，而在冬季时甚至会随暴风雪而来，因此属强对流天气系统。在古老的文明里，雷暴有着极大的影响力。不论是中国古代、古罗马或美洲古文明皆有与雷暴相关的神话。

这里的海风一向以出没无常而著称。每年10月至来年4月，即使是一阵微风也可能在瞬间变成一场威力无比的狂风，吹起海滨的沙石和贝壳，以遮天盖地之势向陆地侵袭，把果园掩埋，把街道堵塞。1944年9月的一场大风暴，以每小时110海里的高速席卷哈特勒斯角。当时所有的风速仪全部被吹掉或损坏，以致无法记下正确的资料。

这里还经常出现使海员们胆战心惊的"南方黑暗"。它是一种十分奇特的大气现象：海面上微波荡漾，天空中万里无云，在刮起东北风之前或正南风之后，南方的天际线上突然会蒙上一层昏暗的色彩。当这种"南方黑暗"降临时，船只会发生航行误差，陷入浅滩而不能自拔。这种奇特的天气现象，目前还无法解释，有人认为与百慕大三角区的"绿雾"一样，可能与电磁场的作用有关。

蒸汽升腾如雾的墨西哥暖流，也是航海家的天敌。每当风暴肆虐时，暖流表面的海水大量蒸发，使海面的能见度变得很差，给航行安全带来很大危害。

400多年以来，有3000余艘船舶先后在哈特勒斯角海区遇难，其中220艘有具体的遇难日期、地点和船名的记载。时至今日，在哈特勒斯角的外浅滩下还埋藏着葡萄牙人华丽的轻便帆船，西班牙人的大型货船，西印度公司的航船和近代钢船。这些都是人类为认识哈特勒斯角而付出的沉重代价。正是因为这一点它因此成为名副其实的大西洋南坟场。

2. 大西洋的北坟场

塞布尔岛位于世界上最活跃和最繁忙的北大西洋航线上，是造成许多船只失事的灾难之岛。在碧波万顷的北大西洋上，人们很难发现它。即使在最好的气象条件下，人们只有站在甲板上仔细瞭望，才能发现天际线上的一条沙洲。

海岛周围天气多变，是使船舶遇难的另一个原因。这里永远弥漫

着朦胧的雾纱，水汽腾腾，使航海者感到头痛。每年秋末冬初，狂风推波助澜，使人望而生畏。冬季的大风雪连续几个月逞威肆虐，巨浪咆哮怒吼，使海面翻腾不息。岛上很难找到树木，只有在低矮的沙丘之间，偶尔才能找到一些不怕疾风的劲草。

塞布尔岛四周的浅沙滩变幻无常，成为大西洋北坟场的海洋泥沼地。它使遇难之船陷入泥沙的重围，黏滞着不能动弹。即使是长百米的5000吨巨轮，驶入塞布尔流沙区之后，也很难逃脱覆灭的命运，只需两三个月就会被贪婪的沙滩消化得无影无踪。变幻莫测的浅滩流沙，成了航船的坟墓。

据统计，1800年以来，每两年就有3艘船只在北坟场遇难。在海岛厚厚的沙层下，沉睡着北欧的海盗船、西班牙的商船、法国的渔船和英国的三桅帆船。

今日的塞布尔岛上，设有加拿大的水文气象中心、无线电站、现代化的灯塔和救生站。那里拥有全天候的救生船和直升机，有一批训练有素的救生人员，一有险情马上可进行救助活动。岛上东西两座灯塔闪烁着永不熄灭的光芒，指引着航船安全航行。在风平浪静的海况下，在16海里外的船只就能见到两座灯塔的闪光。灯塔警告人们：前方是塞布尔岛。

神秘沉没的阿夫雷潜艇

20世纪50年代初，“阿夫雷号”是当时世界上吨位最大的一艘潜艇，也是世界上装备最精良的潜艇之一。作为潜艇部队的代表，“阿夫雷号”一直是英国海军的骄傲。然而，天有不测风云，1951年4月16日，“阿夫雷号”在英吉利海峡训练时突然失踪，失踪原因至今仍是一个谜。

远眺英吉利海峡的大海

当时，“阿夫雷号”正在朴次茅斯到伐尔茅斯之间的海域进行巡海训练，艇上共有75名官兵，其中有24人不属于这条潜艇，他们到这

里参加首次训练，有些人是第一次出海。“阿夫雷号”在下午4时出发，晚上9时，基地接到它发出的信号：“本艇即将沉没！”

随后，不管基地如何呼叫，“阿夫雷号”再也没有了音讯。它就这样在海底神秘地失踪了，没有人知道它到底发生了什么事。

英国海军在接到“阿夫雷号”的信号后，立即下令实施一个名为“海底碰撞”的营救计划。

然而，让人感到棘手的是，“阿夫雷号”的失事原因究竟是什么，这实在让人捉摸不透。根据英国海军的分析，可能是海上风暴导致了“阿夫雷号”的失踪。但也有人认为，“阿夫雷号”舰长海军上尉布莱克经验丰富，他应该完全能够应付这种情况。尽管未能确定失事原因，但在几个小时之内，来自比利时、美国和法国等国的40余艘舰艇还是马上展开了紧张的搜索行动。

第一次搜索毫无结果，“阿夫雷号”就像从空气中消失了一样。英国海军不死心，马上进行了第二次搜索。在这次行动中，英国海军动用了一切可能的先进设备，在“阿夫雷号”失踪的海域展开更加全面、细致的搜索。扫雷艇、驱逐舰和护卫舰等舰只用潜艇探测器对英吉利海峡的海底进行探测，战斗机、直升机等各型飞机对海面进行扫描。在付出巨大的努力后，搜索结果却令人失望。

行动结束后，英国海军发布了一个简短的声明：鉴于搜索工作再也不能营救遇难者，因此海军部决定停止对“阿夫雷号”潜艇的搜索，

飞行在海洋上的飞机

同时表示极大的遗憾！

救援工作就这样草草结束了，“阿夫雷号”失踪之谜被暂时搁置起来。但是，专家们却并没有放弃对“阿夫雷号”失踪的研究。不久以后，特丁顿研究室的专家们研制出一种水下电视装置，他们利用它在水下对“阿夫雷号”再一次进行搜索。1951 年 6 月 14 日，它在赫德深海一角发现了看上去极像“阿夫雷号”的潜艇残骸。通过对多角度拍摄的图像的研究和多次分析，专家们终于确定，那就是“阿夫雷号”的残骸。

虽然找到了“阿夫雷号”的残骸，但对于“阿夫雷号”的失事原因，人们仍然众说纷纭。从屏幕显示的图像上看，舰艇上的桅杆已经折断，有人据此认为它遇上了风暴。然而检查结果表明，那是由于船桅的焊接不过关造成的。当局的说法也与此不同，他们怀疑“阿夫雷号”是因爆炸而沉没的，尽管这种说法根据并不充足。

失踪的“蝎鱼”号

在神秘莫测的大海深处，是否真的有神话传说中经常出现的那种妖魔鬼怪！这至今仍是一个谜。因为许多船只在大海深处的神秘失踪至今仍令人费解，美国两艘“蝎鱼”号潜艇的失踪便是其中一例。

在第二次世界大战中，美国潜艇“蝎鱼 SS278”号给予敌人的打击正如蝎鱼那样有破坏性。这艘刁钻狡猾的潜艇既能在深水中徘徊，又能在浅水中急驶。它是美国舰队中第五艘以这种毒鱼的名字命名的舰艇。战争期间，它活跃在太平洋水域，声名不亚于那种伤人致命的海中动物。

它勇敢地攻击重兵护航的日本货轮；灵巧地躲过雨点般密集的深水炸弹；击沉货轮、驱逐舰和配备重型武器的巡逻舰。在突然袭进和快速撤退上创下了惊人纪录。

1943 年 5 月 8 日，那艘潜艇结束了它的首次巡航，返回珍珠港休整检修。3 个星期以后，“蝎鱼”号再度出航。它在中途岛加足燃料，向东驶向台湾—对马—长崎航线。在这第二次出航中，它遭遇了一场艰苦的战斗。

7 月 3 日上午，目视记录证实海上有 5 艘由护航驱逐舰护航的货轮。“蝎鱼”号立即开往作战位置。它向不同方向发射 5 发排炮和 3 枚鱼雷，很快就听到了它们的爆炸声。两艘货轮“阿山丸”号和“国友丸”号被它击中。

由于敌方护航舰几乎跟它处于同一方位，“蝎鱼”号顾不得看明究竟，它射出最后一炮就开始下潜，同时关掉螺旋桨，以免搅起泥沙，一声不响地潜在海底。

7枚近距离深水炸弹在它周围相继爆炸了。潜艇被震得摇摇晃晃，像一只玩具小船。艇上全体官兵紧张地听着一声声爆炸声，炸弹却一颗也没有击中！

两分钟以后，一根链条碰到了潜艇外壳。官兵们屏住呼吸，谛听着金属链条刮擦潜艇发出的令人不安的声响。紧跟着又是一颗深水炸弹的爆炸声。“蝎鱼”号开始慢慢地移动，它想改变航向，转移到较深的水域去。

潜艇又一次被链条探到了。像上次一样，随之而来的是深水炸弹的爆炸声，1颗、两颗、8颗、4颗！炸弹一个接一个地落下，潜艇不停地摇摆震荡，但是“蝎鱼”号没有被击中，它慢慢移进了深水区，逃脱罗网，平安地离去了。

它并没有遭到什么实际的损坏，只是通信设备完全失灵，有8天时间没能跟基地取得联系。此后它离开作战区域，于7月15日返回中途岛，8月中旬抵达珍珠港检修。这一次，由于作战英勇，它获得两枚星章。

10月中旬，好斗的“蝎鱼”号

美国珍珠港

再次出发巡航。它驶过“魔鬼海”，在马里亚纳群岛附近追逐“神秘船”，攻击由军舰护航的运输船队。到11月初返回珍珠港时它拥有3枚星章，成为一艘英雄潜艇。

1943年12月29日，在M·G·施密特海军中校的指挥下，“蝎鱼”号出海执行第四次巡逻任务。那是它的最后一次巡航了。

“蝎鱼”号重返“魔鬼海”水域，投入作战。在离开珍珠港以后的第五天，它用无线电呼叫求援，它说艇上1名船员上臂骨折，要求跟当时正在那一水域的“鲱鱼”号会合。但是海上波涛汹涌，“鲱鱼”号无法让伤员登船，也不可能把他送到中途岛去治疗。

“蝎鱼”号了解到这一情况，就于午夜前后回电说：“情况良好。”这是那艘潜艇发回的最后一句话。从那以后，它便杳无音信。基地命令它通话，也没有回音。最终海军只得断定，“蝎鱼”号在战斗中被毁。

然而事实真是这样吗?

战后仔细检查了日本人的档案，查寻有关那艘屡建功勋的潜艇的材料，但是没有得到丝毫线索。它没有被敌舰击沉；当时日本人并没有跟它遭遇过。到今天为止，找不到点滴材料说明它的下落。没有留下一点痕迹，没有一片残骸。它和艇上5名军官和54名士兵一起，在“魔鬼海”的无底深渊中消失得无影无踪。

虽然“蝎鱼”号已经不知去向，但人们并没有忘记它。海军把它的英勇战绩记入了史册，以表彰随它丧命的官兵。

奇异的海底游魂

美国佛罗里达州立大学的杰拉尔德·弗尼斯是个英俊而勇敢的水上运动员。1980年在夏威夷举行的“美洲杯”高度跳水比赛中，他将标高提到46米线上。令人振奋的高度，一下子使整个跳水场沸腾起来。这是人类高度跳水比赛的第一次。无数台摄像机的镜头对准了杰拉尔德·弗尼斯。他完成了跳板、跳台在空中的直体、屈体、抱膝等8种连续动作，场内一片喝彩声。他的未婚妻黛丝送来鲜花。他的父亲豪克逊博士是个地质学家，他鼓励儿子要为短时期内将高度跳水纳入奥运会比赛项目而奋斗，获得真正的世界高度跳水冠军。

比赛继续进行，又有29名勇敢者站在49米高度，同样完成了跳板、跳台空中的连续动作即直体、屈体、抱膝。个个做得完美无缺，与弗尼

斯不相上下。棋逢对手，将遇良才，评委会无法排列名次。这时，克罗斯大亨对评委说，比赛继续进行，他承担变动后比赛的全部费用。克罗斯是美洲遐迩闻名的服装大王，他想在北欧打开销路，于是他将高度跳水比赛地点定在挪威一座神奇的半岛。这个半岛三面临海陡峭而下，海拔高度46米左右。半岛上十分平坦，宛如一块规则的运动场地，不知是土质的原因，还是无人光顾的缘故，地上不长一根草，只有几块残存的石基。

30名高度跳水健儿，相继来到挪威这个神秘半岛，准备决一雌雄。杰拉尔德·弗尼斯在父亲和未婚妻的陪同下，更显得精神抖擞。各国猎奇者，为了饱览这个带有强烈刺激性的比赛，早早地乘坐在游艇上等候。为防止事故发生，组委会配备了4艘救生艇。选手们身着玫瑰色的运动裤，在做跳水前的准备工作。这次评比的唯一标准是，看谁最先露出水面。这一动作的关键是入水角度，另外还有当脚离开大地时产生的初速。

一声枪响，30名勇敢者的双脚离开岸土。洁白肤色，玫瑰色的运动裤，背景是呈翠绿略带黄色的岸土，他们宛如30颗镶嵌在山间的宝石。刹那间，游艇上无数台照相机“咔嚓、咔嚓”忙个不停。海面上刚开放的30朵白莲花消失了，时间一分一分地流逝。两个小时过去了，仍不见一个人露出水面。观众骚动起来，预感到大事不妙！人们纷纷议论：肯定碰上了鲨鱼群；350米的高度，要不就是陷入了泥潭或撞上了礁石……种种猜测撕裂了岸上亲友们的心。黛丝悲伤地将手中的一束花抛向海面。

1天过去了，仍无1人回到海面。上司派1名潜水员入海探视，4个小时后却不见潜水员上来。船长判定潜水员氧气已用光，肯定葬身大海。船长决定再派一名有经验的潜水员下去，并给他佩戴安全绳和通氧管，以保证潜水员的安全和长时间能在水下作业。当潜水员下降到46米深度时，一股强大的力量把船上的潜水辅助装置全部拖下海底。

第二天，克里斯蒂安桑的《明星晚报》刊登了30名高度跳水者跳入斯卡格拉克海峡，有去无回的消息。组委会不敢贸然行动了。他们请求瑞典派潜艇侦察海底。一部ST–360型微型侦察潜艇，奉命赶到指定的海区。令人难以想象，微型潜艇也是一去不返。

目睹眼前一幕幕惨景，豪克逊博士陷入沉思。关于该处海底的地质情况至今没有任何文字记载，再

不能盲目从事。他请求美国派来海底调查船，并亲自主持这次调查。WMAK–48 海底调查船移动到这个神秘的海区时，指示器立即发出了停机的指令。豪克逊博士从电视监视器里看到了一股潜流在船前不远的地方流动。他看到海中有走动的人群，不仅有 32 个人和那艘微型潜艇，而且还有成千上万脚上拴有铁件的人。难道这是幻觉？难道这些人还都活着？但调查船电视监视器同样记下了眼前的奇景。经测定，这里水质纯，不含与任何生物相关的微量元素。这里是暖流与冷流的交融处，形成了一股强大的旋涡。如果当时调查船不停机，也会被卷入这支海底游魂的队伍。经过分析之后，豪克逊博士明白了形成“海底游魂”的原因。原来海底岩石产生出一种射线，它能将尸体保存下来不腐烂，尸体随旋涡流动，就像活人行走一般。然而这成千上万脚上戴着镣铐的人又是从哪里来的呢？原来，17 世纪这里曾是一所监狱，将死刑犯人戴上镣铐投入海里是它惯用的刑罚。由于射线的作用，保存了这些尸体。后来监狱也慢慢沉入海底之中了。

顿时，这座半岛吸引了无数科学家。地质学家发现，这里的岩石是地球上从未见过的一种矿石。恰巧，苏联科学家在贝加尔湖沿岸也发现类似呈翠绿略带黄色的矿石，命名“娜塔莉特”。1987 年，国际矿物协会发明委员会确认了“娜塔莉特”矿石。

为什么神秘的半岛沿海一方呈陡峭状，海深莫测呢？地质学家分析，原来斯堪的纳维亚半岛与日德兰半岛是连在一起的。史前的一天，一颗行星撞击了地球，造成了今天的斯卡格拉克海峡，形成了两个半岛。留在挪威的那座神秘的半岛，就是行星仅存的残骸。因此，这里的岩石才非常特殊，能放射出一种射线，保存了海底遇难者的尸体。

神秘莫测的海洋，有千千万万个不解之谜，人类的任务就是去拨开一片又一片的迷雾，让大自然造福于人类。

巨轮杀手“魔鬼海”

太平洋的日本东京湾以东洋面，以沉没巨轮而被称作“魔鬼海”。

日本东京湾的东侧为房总半岛，东濒烟波浩渺的太平洋。房总半岛最南端为野岛崎。它本来是个岛屿，1703 年的一场大地震，使那里的地壳隆起形成了半岛，与横须贺隔海相望，其间是进出东京湾的门户——浦贺水道。这里每天有许多巨轮进进出出，成为世界有名的繁忙水道。野岛崎以东海域，每年的12月至翌年2月，常常有一种高达20～30米高的金字塔形三角波，突然从海面喷涌而上，它本身包含有几千吨剧烈翻腾的奔涌海水，其力量足以把巨轮劈成两半。近十几年来，已有10余艘巨轮在此罹难，百多人丧生。这里遂成为近代航海家们和飞机驾驶员们望而生畏的海区，习惯上称它为太平洋“魔鬼海”。该海区的地理位置：是指北纬30°～36°、东经144°～160°的海域,位于北太平洋的重要航线上。它给现代海运带来了巨大灾难，有些巨轮在遇难前甚至连无线电呼救信号都来不及发出，有的虽然发出了“SOS”求救信号，但当救助飞机赶到时，巨轮早已销声匿迹，海面仅仅留下了漂浮物和浮油。

1980年11月27日7点50分，“尾道丸”号在美国南部的莫比尔港解缆起航。它的货舱里载着5.39万吨煤炭。它穿过墨西哥湾，进入巴拿马运河，然后又进入烟波浩瀚的太平洋，向日本驶去。

经过1个月的连续航行，“尾道丸”号到达北纬30°、东经160°的海区。这里是西太平洋低压中心的南缘。“尾道丸”号遇到了强西风和大波浪，航速显著下降。巨轮在翻腾的波涛中艰难地前进着。下面是该轮遇难前的一段航海记录：

12月28日19点30分，遇到较大的波浪和涌浪，主机转速从116转/分减为90转/分。

29日8点，西风强，风力7级，波高6～7米，波长150～180米。航向275°～278°，巨浪拍打着船首右舷，汹涌的波浪冲上甲板，航速降至7～8节。

30日6点30分，西南风8级，涌浪高8～9米；主机85转/分，航速6.3节。8点15分，航向反转180°，顺风航行，对舱口盖、货舱、双层底和水密门等进行周密的检查，没有发现异常情况。

9点40分，风浪更大，并且继续加强。

14点30分，航向290°。海浪来自左舷20°方向，船体在前进过程中受到周期性冲击，船首在涌浪中起伏。正当船首随着浪谷下降的瞬间，突然在船首右舷出现十几米高的巨浪。巨浪将船头及第一号货舱抬起，船首被折断，上甲板遭到破坏。事故发生位置在北纬31°、东经156°11′处。

14点37分，货轮发出遇难警报。船长下达命令：准备放救生艇。通信长命令：发“SOS”求救信号。

全船紧急动员。

16点30分，主机停车。

16点37分，船首向下倾斜角度越来越大，最后成了垂直状态，上甲板完全破坏。

16点49分，船首断离，向右舷的斜后方漂去，顷刻间消失在惊涛恶浪之中。可怜的“尾道丸”成了一艘无头船。

18点04分，航行在“尾道丸”遇难地点附近的日本矿砂船“达比亚丸”闻讯赶来，准备救助。

12月31日8点30分，对货舱和压载水舱进行检查和测量，发现2号压载水舱进水，3、4号压载水舱情况正常，然后从尾部排除260吨压载水，使纵倾得到平衡。

1981年1月1日5点20分，全体船员准备离船，留一台发电机继续运转，为航行灯供电，并点亮全部甲板灯，以免其他船只在黑夜中与难船发生碰撞。同时准备好4只气胀式救生筏，一只在甲板上预先吹胀，另外三只在海上吹胀，29名船员登上救生筏。

5点40分，船员离船完毕，救生筏在海浪中颠簸，全力向救助船“达比亚丸”号划去。

7点45分，29名船员全部登上“达比亚丸”号，安全得救。

北太平洋冬季的风浪是很大的，但是对万吨级以上的巨轮来说，并不能构成严重的威胁，因为在船舶设计时已经考虑了抗风浪的能力，然而，对于在“魔鬼海”掀起的那些高达20～30米的金字塔形的“三角波”，许多巨轮却难以抵御，以致被送进“魔鬼海”的深渊。

这种奇怪的“三角波”的形成原因，目前还是个谜。有一种猜测是：野岛崎以东海底是火山和地震活跃的地带，当海底火山喷发或海底地震爆发时，形成能量巨大的恶浪，当航行中的船舶遇上它时就会罹难。另一种看法是：来自不同方向的波浪和涌浪，在最恶劣的天气条件下，叠加形成的奇峰异波，当船舶与它遭遇时就要受难。

“魔鬼海”地理位置比较特殊。这里是世界著名的暖流——黑潮所流经的海域，因而水温较高。同时，从西伯利亚吹来的冷空气的前锋也正好到达这一带。每到冬季，这里的水温和气温就相差20°，因而海面上空经常产生强烈的上升气流。低气压的寒冷锋面过后，往往造成风向的突然改变，从而导致海面上汹涌的三角波。每年的年底到来年的年初，从西伯利亚来的冷空气南下，低气压通过这里时，就在海面

上掀起狂风巨浪。野岛崎东面的海域是北太平洋最高的波浪区。

为了揭示"魔鬼海"三角波之谜，保证冬季北太平洋航线航行安全，日本准备在"魔鬼海"上建立自动观测海洋浮标。这种浮标的直径10米，高12米，能自动记录大洋波浪、气压、风力、海流等资料。另外，还要派出海洋调查船，对海底地形、海洋气象、海洋环境作全面调查，以便综合分析海情。这些调查也许能解开"魔鬼海"之谜。

"赛勒姆号"神秘沉没

利比里亚籍超级油轮"赛勒姆号"，它于1980年1月17日上午，在西非塞内加尔近海神秘沉没。

事件发生时，英国油船"海神戟号"正在附近行驶。当他们发现远处有船遇难时，立刻驶近救援。这时，"赛勒姆号"已经冒起浓烟，并船头向下，缓缓地向大西洋中滑去。船长希腊人迪米特里奥斯·乔古利斯下令全体船员弃船，23人分乘两艘救生艇向远处驶云。"海神戟号"救起了他们。但对"赛勒姆号"已经无能为力。几分钟后，在人们

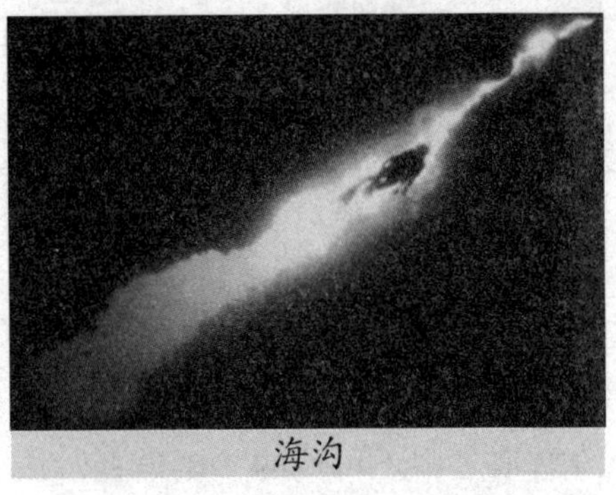

海沟

的注视下，"赛勒姆号"最后露在海面的油轮层部缓缓地没入了水中。"赛勒姆号"最终沉没在了大西洋最深处的海沟里。事发之后，"赛勒姆号"所装原油的货主，希尔国际贸易公司向投保的英国劳埃德保险社索取保险赔偿。这是劳埃德保险社成立以来接到的最大一宗保险赔偿案，总赔偿金达5630万美元。对于这次事故，劳埃德保险社表示怀疑，他们认为"赛勒姆号"是故意沉没的，如果这一判断属实的话，那将是有史以来最大的一桩海事诈骗案！为此，劳埃德保险社的保险和海洋事故调查专家们展开了周密的调查和分析。

一段时间后，调查毫无进展。"赛勒姆号"故意沉没的证据并不充足。正当专家们一筹莫展之际，海运业内又爆出新闻！希尔国际贸易公司又对"赛勒姆号"的船主弗雷德里克·沙丹提出起诉，控告他在南非命令该船秘密卸下17万吨原油，从

中牟利。

在此事发生之前，南非就已被列入阿拉伯石油生产组织的禁运名单。南非本国不产石油，对石油的需求完全依赖进口。由于阿拉伯石油生产组织的禁运，南非对石油的需求十分迫切。为此，南非比勒陀利亚政府不止一次对外宣称：南非将不惜一切代价，收取任何方式、任何地区的石油。这就是说，与南非政府进行任何形式的石油交易都将从中获得暴利。巨额的利润使许多人怦然心动，铤而走险。在这样的背景下，“赛勒姆号”的行为也就不足为奇了。一石激起千层浪，一时间，“赛勒姆号”事件搅得西方海运业沸沸扬扬，甚至惊动了英国伦敦苏格兰场，他们受人委托对此事展开了详细而周密的调查。一切疑点都集中在了“赛勒姆号”船主沙丹身上。

什么是苏格兰场

苏格兰场（New Scotland Yard，又称Scotland Yard、The Yard），是英国首都伦敦警察厅的代称。伦敦警察厅（Metropolitan Police Service，伦敦警方中文官网的名称则为伦敦都市警部）负责地区包括整个大伦敦地区（伦敦市除外）的治安及维持交通。苏格兰场位于伦敦的威斯敏斯特市，离上议院约200码，是英国首都大伦敦地区的警察机关，1829年在内政大臣罗伯特·皮尔主导之下成立。该机构也负担着重大的国家任务，像是配合指挥反恐事务、保卫皇室成员及英国政府高官等。

沙丹，36岁，美籍黎巴嫩人，自称石油掮客和保险代理人，居住在休斯。1979年10月，沙丹在英国开设了一家由他独自经营的牛津海运公司。11月，他斥巨资1150万美元买下了一艘具有10年舰龄的瑞典超级油轮，并将它更名为“赛勒姆号”，一名自称伯特·斯坦因的40多岁男子应征成为“赛勒姆号”的船长。在召集了一些船员后，“赛勒姆号”开始了第一次航行。他们首先在科威特装载了14.4万吨原油，随后驶往意大利的热那亚，将原油卖给了意大利一家独立石油公司——庞杜依尔公司。成功完成这次航行后，希腊人迪米特里奥斯·乔古利斯接替了斯坦因的职务，成为“赛勒姆号”新的船长，在他的指挥下，“赛勒姆号”再一次从科威特运送原油。途经南非后，“赛勒姆”在塞内加尔近海失事。针对这些情况，苏格兰场决定双管齐下，一面对沙丹进行严密的监视，一面对乔古利斯及与此事有关的人员分别进行调查。经过不懈的努力，调查终于有了初步的结果。据推测，事情的经过大体是这样的：

12 月 17 日，“赛勒姆号”在南非最大的港口德班下锚。之后，他们秘密卸下原油，在油舱中注满海水，并将船体上的船名涂改了三个字母，使其变为“利马号”。次年 1 月 2 日，他们秘密起航，离开了德班。为了掩盖这一秘密交易，几天后的 1 月 17 日，“赛勒姆号”在塞内加尔内海故意沉没，制造了失事的假象。这样，他们既能在倒卖石油的交易中大捞一笔，又可以获得巨额保险金的赔偿，真是一箭双雕。

不少人相信，事实的真相就是如此。英国“海神戟号”船员对此提供了重要的证据。当“赛勒姆号”沉没时，他们亲眼目睹这艘装载了十几万吨原油的巨轮溢出的原油极少，这在当时就引起了他们当中不少人的怀疑。不久以后，“赛勒姆号”的一个突尼斯船员提供了更为有力的证据。他向塞内加尔官方证实了“赛勒姆号”在德班的停留时间以及沉船时的大致情况，这和人们的预料大体相同。在沉船的那一刻，他肯定船内的原油的确很少。但在关键问题上，即石油是否被更换为海水，由于他不知内情，所以不敢肯定。由于在这一问题上没有确切的证据，调查陷入了僵局。

至于其他方面的调查，进展也不顺利。对于沙丹，长时间的监视一无所获；对于乔古利斯，虽然事实证明他的船长执照是伪造的，他根本不具备船长资格，并且他还与以往的一件沉船案有关，但在此次沉船问题上，由于乔古利斯声称，他的航海日志与油轮一起沉没了，当局对他无可奈何。经过长时间的调查，结果仍然是“证据不足”。

第三章
潜伏最深的世界

海底世界是奇特的、神秘的，有着很多人类未知的秘密，有着很多人类未解的谜团。在人们所知有限的海底知识中，我们不仅看到了最黑暗的世界，还看到了最漂亮的景观；不仅探测到最诡异的生物，还探测到最复杂的地形。最高的山蜂不在陆地，而在海底。无论是奇特的海底高山，还是奇妙的海底峡谷，都蕴含着太多鲜为人知、极具诱惑的惊人秘密，等待人类的探险与发现。

海洋之水何处来

在几个世纪前，人们都普遍认为，海水是地球自身产生的。当地球从原始太阳星云中凝聚出来时，便携带有这部分水。起初在矿物中以及岩石中普遍存在结构水、结晶水这些形式。后来，随着地球的不断演化，轻重物质开始慢慢分离，它们便逐渐从矿物、岩石中释放出来，成为海水的来源。但事情的进一步发展却超出了当时人们的想象力：因为当科学家们对在被他们称为火山“初生水”进行研究时，惊奇地发现，它们的成分与地面水的成分十分相似，这就表明，其实它们只是地下水与地表水的循环。对于天体地质的研究，近代流行的说法是，在地球临近的星体中，大多数都是贫水的，无论与太阳的距离多远或多近，而唯有地球拥有如此巨量的水，这不能不使人感到奇怪。当然在奇怪的同时，也引发了人们更多的深思。

但科学家们对此则认识不一。一些人认为，地球上的水不完全是地球自身就有的，而是和彗星相撞得来的。后来，美国的一些科学家，通过研究人造卫星收集的关于地球的照片中，其中数千张大气紫外辐射图片都显示这样一个事实：总有一些奇特的小黑斑点在圆盘状的地球图像上显示。但他们存在的时间

浩瀚的海洋

烟波浩渺的海水

很短，大约只有两三分钟，面积却很大，约有2000平方千米。经过仔细检测分析后，他们一致得出，是小彗星所为，他们以冰块组合的形式冲入地球大气层，而这种陨冰因摩擦生热转化成水蒸气，最后就产生这样的结果。从照片还可估算出每分钟进入地球的这种奇特小彗星，数量大约在20颗左右，若其平均直径为10米，则每分钟就有1000立方米水进入地球，一年即可达0.5立方千米左右。科学家们由此推论出，在46亿年来，地球形成的漫漫长路中，就会有23亿立方千米进入地球的彗星水。这个数字和海水总量相比，显示是有过之而无不及。因此，伊阿华大学的科学家们的意见是否可靠，还有待验证。

但仍有科学家坚信水是地球固有的这个事实。他们指出，虽然有证据表明一些水体是由于地表水的循环造成的，但这并不排斥其中可能混有少量真正的“初生水”。通过计算，如果地球以前火山活动和现在火山活动都释放相等的水汽，那么如此漫长的岁月，累计的水汽总量将是现在地球大气和海洋总体积的100倍。所以他们认为，地球水绝大部分都是来自自身的循环，大约只有1%是来自地幔的“初生水”。而正是这部分水构成了海水的来源。

除此之外，还有的学者认为，金星、火星和月球上原来应该也是

有水存在的，只是有的质量太小（月球和火星），引力达不到足够的力量，致使原有的水全部逃离；而又有的像金星这样的星体，表面温度又太高，也就失去了维持水的条件。只有地球由于条件适中，使原有的水能够得以长期保存。因此他们认为，不能从地球近邻目前的贫水状态来推论地球早期也是贫水的。

总之，关于海水来源之争，目前各种意见仍相持不下。要揭开谜底，尚需付出艰辛的努力。

素描海底三分天下

海底地形是千姿百态的，它如同陆地地貌一样，有绵亘不断的海岭，有坦荡平缓的深海平原，有两岸陡峭的海底峡谷，有山峦起伏的海隆，还有被称为“地球门户”的海渊，有喷发岩浆的海底火山，有形如舞池的平顶海山，有虬枝缤纷的珊瑚礁……大自然用“上帝之手”，把碧波淹没下的海底世界，雕琢得多美多姿，壮美非凡！

美丽的海底世界

按照海底地形的基本特征，可以把海底地形分为大陆边缘、大洋盆地和大洋中脊三个地貌单元。

1. 大陆边缘

大陆边缘是大陆与大洋连接的边缘地带。人们通常根据大陆边缘的水深和坡度，把它从浅至深划分出大陆架、大陆坡、大陆基三个地貌单元。有的大陆边缘，如西太平洋的大陆边缘，还具有海沟—岛弧—弧后盆地这种鲜明的地貌特色。

浅海的底为什么是平坦的

浅海底也称大陆架，是陆地在海底的自然延伸。大洋的底部常常起伏不平，但浅海底一般比较平坦，究其原因，这与海浪的冲刷作用有关。海浪能够影响到水深不超过200米的地方，把海底深度不大于200米的部分冲刷削平，再把破碎的沙石搬到水深大于200米的地方堆积起来，从而使海底变得平坦。另外，河流也带来了大量的泥沙，堆积在海底，把低凹的地方填平。

2. 大洋盆地

广阔无垠的大洋盆地，其深度在2500～6000米，大部分是深海平原，辽阔平坦，但景色单调。在平原的周围，分布着绵亘千里的海岭，陡峭的海山峰和光滑如刀削的平顶山，其中还有深海谷、断裂带和海槽等。

大洋盆地位于大陆边缘和大洋中脊平缓的坡脚之间，是大洋的主体部分。深度一般在4000～6000米。其面积占海洋总面积的45%。大洋盆地上分布有众多的海岭、海隆、海底火山，把它分割成许多大小不一的海盆。海盆底部发育深海平原、深海丘陵等地形。

在广阔的大洋盆地中，由于没有光线且温度很低，大洋深处的海底动物群非常稀少。海底覆盖一层钙质软泥及硅质软泥，主要由大洋表层生物的钙质和硅质骨骼沉到海底形成的。大洋盆地有大量的锰结核，以分布在太平洋深海洋底居多。

3. 大洋中脊

大洋中脊是屹立于大洋底部的巨大山脉，如蜿蜒曲折的巨龙盘旋洋底。各大洋中脊首尾相连，它起于北冰洋，纵贯大西洋，然后向东北插到印度洋中部，又向东南延伸与南太平洋的洋脊相接，继而延绵向东北到太平洋东部沿岸作弧形分布，成为环球山系。大洋中脊总长度约8万千米，宽数百千米至数千千米，其面积约占世界大洋总面积的33%，可与全球大陆面积相比。它宛如一条巨大的“项链”环绕大洋底部，其规模是陆地上任何山系都无法相比的。

大洋中脊最显著的地形特征是整个脊顶有一条中央裂谷，将大洋中脊沿中轴分成两半。中央裂谷深约1000～3000米，谷宽约为25～50千米，是地壳最薄的部分，地壳厚度2～6千米。中央裂谷两翼是平行的脊峰。大洋中脊常被众多断层切割成一段一段的，两段之间大洋中脊的中轴错开几十千米到几百千米，最大的可移位数千千米。

大洋中脊是地壳最活跃的地带之一，经常发生岩浆上升、火山活动和地震。大洋中脊是地壳扩张的中心地带。大洋中脊那奇妙独特的地貌特征，是研究地壳运动的最佳

蜿蜒的大洋中脊

处所，是令海洋地质学家心驰神往的地方。

绵长壮观的大陆坡

大陆坡是地球上最绵长、最壮观的斜坡，其上横切着许多非常深的海底峡谷，规模比陆地上穿过山脉的山涧峡谷既深又大。峡谷口外常有沉积物堆积成的海底扇。大陆坡的表面也有较平坦的地方，这些地带被称为深海平台。大陆坡向下或过渡为大陆隆（在大西洋型大陆边缘），或陡降至深海沟（在太平洋型大陆边缘）。

大陆坡是大陆架向海的一侧，从陆架外缘较陡处开始下降并深入深海底的斜坡。大陆坡坡脚是大陆型地壳与大洋型地壳的真正分界线。全球大陆坡总面积约2800万平方千米，约占海洋总面积的12%。大陆坡的平均宽度约为70千米，但各大洋大陆坡的宽度不一样，从十几千米到几百千米不等。大陆坡的平均坡度为4°30'，各大洋大陆坡的坡度也不一样。整个大陆坡约有25%覆盖着沙子，10%是裸露的岩石，其余65%覆盖着一种青灰色的有机质软泥。

海边岩石

海底喷泉

太平洋的海底热液喷发口生活着2米长的管虫、巨蛤，而大西洋的海底热液喷发口有无眼虾和其他极端生命形式存在。总之，对海底热液喷发口这种极端环境中的生命形式进行研究，有助于科学家探究其他星球生命存在的可能性，甚至有助于揭开地球生命起源之谜。

历经沧桑的大陆架

大陆架是大陆向海洋的自然延伸，是陆地的一部分。大陆架坡度较小，一般在0.1° 左右，起伏也不大。世界大陆架总面积占海洋总面积的8%，为2710多万平方千米。大陆架的平均宽度约为75千米，但世界各地大陆架的宽度相差悬殊，在数千米至1500千米之间。在大陆架上有由流入大海的江河冲积而形

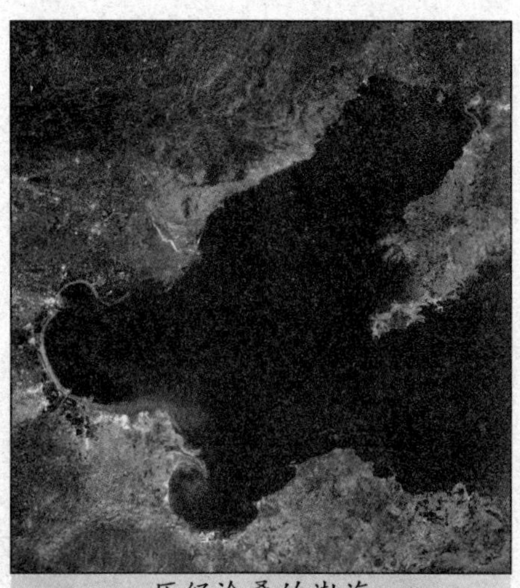
历经沧桑的渤海

成的三角洲。大陆架拥有富饶的石油、天然气和渔业资源。大陆架浅海靠近人类的居住地，与人类关系最为密切。人类自古以来就在浅海进行捕鱼等生产活动，随着生产力的发展，人类又在浅海开辟浴场、开采石油，并利用浅海地区的阳光、沙滩和新鲜空气，开辟旅游度假区。

中国唐代诗人李贺在《梦天》这首诗中写道："黄尘清水三山下，更变千年如走马。遥望齐州九点烟，一泓海水杯中泻。"意思是说，在不长的时间里，海变成了陆地，陆地又变成了海。可见，在古代，我们的祖先就掌握了"沧海变桑田"或"桑田变沧海"的地壳运动规律。这种变迁，正是大陆架形成的原因之一。

中国的渤海在几十亿年里，就经历了"三起四落"的变化，才逐渐形成今日的渤海和海底的大陆架。

你不知道的大陆架

远古时代，现在黄海和东海的大陆架是一片生长茂密植物的大平原。只是在最近的地质演变中，这片土地逐渐下沉，海水入侵才形成了大陆架。而早在几千万年前，喜马拉雅山地区是海底的大陆架，由于印度洋板块与欧亚板块相撞，印度洋板块进入亚欧板块的底部，喜马拉雅山地区才被不断抬高，逐渐成为今日世界屋脊。

由于"桑田变沧海"，大陆架上至今仍保留着许多陆地上的痕迹，如海底森林、海底河道，甚至还有古建筑的断壁残垣等。

1981年1月3日《人民日报》报道了中国山东威海双岛湾发现海底森林的消息。事隔不久，一些考古工作者又在双岛湾伤马店后村的海滩上挖出很多直立的树干。当地人称这种树为柞树，栎属科，是一种质地硬而脆的杂木，它不能在海边盐碱地中生长。考古工作者用放射性碳对古树的年代进行测定，结论是这些古树大约生活在2800年前。

当地流传一个故事与海水侵漫有关。说的是，古时候，双岛湾畔一家农户养了一匹白马，这马膘肥体壮却不事农耕，总是夜出晨归，回来时大汗淋漓。主人生疑，一天夜里悄悄尾随白马想看个究竟。掌灯时分，白马奔向海边，面对大海一声长啸，顷刻有虾精从海中跃出，与白马激战，至鸡叫方休。主人以为是白马的佩鬃挡住了视线，不能得胜，回家后，把马的佩鬃剪掉。次夜再战，因马的佩鬃被剪，双目显露，虾精就用长长的双螯捣瞎了马眼，白马因此战败。虾精乘海水追击，因而汹涌的海水淹没了许多田地。后人为纪念这匹神马，称这个村为伤马店，村名一直沿用至今。

当然，白马战虾精引起海水侵漫，这只是个民间传说，但海水侵漫造成了这一大片海底森林却是千真万确的。威海地区历史上海水侵漫，是由于地震造成地壳沉陷的结果。

陡峭宏大的海底峡谷

海底峡谷即“水下峡谷”，发育于大陆边缘。头部多延伸至陆坡上部或陆架上，甚至接近海岸线，谷轴弯曲，支谷汊道较多，形状似陆上的峡谷。它一般是直线形，谷底坡度比山地河流的谷底坡度要大得多，峡谷两壁是阶梯状的陡壁，横断面呈“V”形。峡谷头部平均水深约 100 米，末端水深多在 2000 米左右，少数可深达 3000 ~ 4000 米。大多数海底峡谷在大陆坡上只存在一段，向上到大陆架，向下到大洋底就消失。

海底峡谷常有许多支谷汇入而呈树枝状。谷壁常有沉积物覆盖，但有时也有基岩露头。许多海底峡谷近岸谷首的坡度很大，有时达 45°。谷壁多见直立甚至呈垂悬状，常有沟槽或磨光面，就像被冰川所磨蚀；谷底常覆盖大砾石或其他粗粒沉积，局部地方基岩裸露，坡度

深邃的海底峡谷

变化很大。有的海底峡谷因陆上河口发生迁移，许多河流的河口虽被更新世冰川融化引起的海面上升淹没，但其河口湾与海底峡谷谷首的关系仍可对比出来。世界上最长最大的海底峡谷在白令海。

海底峡谷中搬运沉积物的营力有泥沙流、向下运动的水流，能搬运沙，形成沙坡；还有强大的密度流（也称浊流），是洋水因含沉积物变得重于周围洋水沿坡移动而成。大陆棚或大陆坡上沉积物的滑动，能搬运大砾石。沉积物被搬运到海底峡谷出口处，堆积成巨大的海底扇。例如1929年地震时，横贯大西洋的海底电缆在大浅滩岸外被高速密度流（流速在每小时97千米以上）拉断。形成海底峡谷的另一原因，是谷底沉积物蠕动。海底峡谷的年龄，从峡谷口外巨大海底扇的形成来判断，已发育了好几百万年。人们通过对巴哈马海底峡谷的钻探和调查，发现它很可能在上新世就已存在。

海底也有滑坡吗

在过去几十年中，科学家们通过对大陆架、陆坡以及浅海地区的海上调查证实，海底的松散沉积物广泛存在着滑移现象。在近岸滑坡范围只有几百米，而在深水中大规模的滑移可达到几百千米。是什么原因造成海底滑坡呢？海底沉积物的沉积环境和速度的差异是海底产生不稳定的原因。海底不稳定现象对于海洋工程的建筑物具有潜在的危害，例如，1968年在墨西哥地区的一次台风所引起的海底沉积物滑移毁坏了两座钻井平台，另有一座钻井平台顺坡向下移动了1米远。

最庞大的陆源现积体——海底扇

海底扇也称深海扇、海底三角洲，是发育于大陆坡麓被沉积物覆盖的向海缓斜的扇形地。海底扇多分布于海底峡谷的前缘，主要由峡谷运来的大量沉积物在峡谷口外堆积而成。海底扇包括四个部分：上部扇带，其剖面呈上凹形，坡度较陡，表面有一条深切的沟谷；中部扇带，剖面呈上凸形，坡度较缓，为海底扇沉积最厚的鼓起部分；下部扇带，其剖面呈上凹形，坡度更缓，表面光滑而微有起伏；末端扇缘，为扇的外部与深海平原的交接处，表面平整，被一些窄小的缓斜沟谷所穿切。海底扇是世界大洋中最庞大的陆源沉积体，其沉积物主

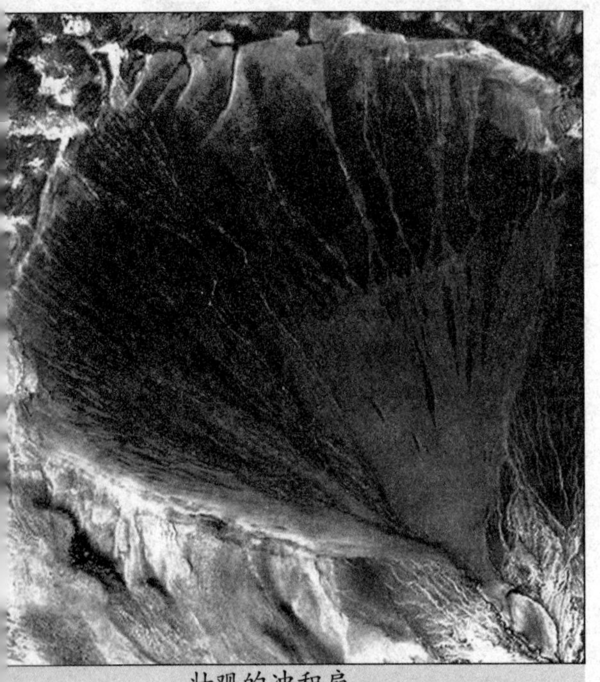
壮观的冲积扇

要为砂、砾以及一些植物和浅水生物的残骸。世界上最大的海底扇——孟加拉深海扇，长达2000多千米，宽1000千米，沉积物体积约500万立方千米。

沉积物堆积的大陆基

大陆基也称为大陆隆，处于大陆坡与大洋盆地的交界处。它是由浊流沉积物和大陆坡滑塌物等顺坡向大洋底搬运堆积而成，总面积约2500万平方千米，约占全球面积的4.8%。水深在1500～5000米，平均坡度0.5°～1°。大陆基上的堆积物惊人，一般厚2千米以上，最厚处可达10千米，最宽处可达1000千米以上。大陆基朝向大陆坡那部分的地质结构属陆壳，向海部分属洋壳。许多大陆基下部过去曾经是海沟，由于沉积物逐渐充填了海沟，形成大陆基。因此，在海沟多的海域就没有大陆基的存在。在这里，大陆坡直接与大洋盆地相连。如西太平洋边缘海沟多而缺失大陆基。从全球看，大陆基多发育在大西洋、印度洋、北冰洋和南极洲的大部分周缘地带。

岛弧与海沟是大陆边缘的一种特殊地貌单元。岛弧主要分布在太平洋北缘的阿留申群岛、日本群岛、琉球群岛、菲律宾群岛以及西缘的中美、南美西海岸等地。无论这些岛屿本身或把它们连起来形状都呈弧形，称为岛弧。岛弧露出水面则称为海岛或群岛。岛弧靠大洋一侧

狭长的海沟

往往分布长条状的巨大凹地，深度在 6000 米以上，称为海沟。海沟与岛弧常平行相依，它们都不在大洋盆地中间，而是在大陆边缘分布。全球大于 1 万米的海沟有 5 条：马里亚纳海沟（11034 米），汤加海沟（10882 米），千岛－堪察加海沟（10542 米），菲律宾海沟（10497 米），克马德克海沟（10047 米）。这 5 条海沟全分布在太平洋西岸。整个大洋中共有 30 条海沟，其中太平洋 20 条、大西洋 4 条、印度洋 6 条。

海底深渊——海沟和岛弧

海底在大陆坡的脚下，这是海洋真正的底部。这个区域人们常称为“深渊”，是一个未知的奇特世界，十分神秘。实际上，深海海底是地球上尚待开发的最后一个大区域。如果我们开发海底，那么在那里发现的东西很可能就像我们在外层空间其他行星上发现的东西那样令人惊奇。

海沟又称海渊，是位于海洋中两壁较陡、狭长，水深大于 5000 米的沟槽。它是海底最深的地方，最大水深可达到 1 万多米。大洋板块俯冲到大陆板块以下，交错地带形成了“V”形的海沟，与相邻的岛弧构成了地球上最大的高度差。

特殊的海沟与海弧

海沟与岛弧紧密供生构成统一的弧沟系，一般海沟位于岛弧向洋一侧；但也有少数海沟见于岛弧陆侧的边缘盆地中，如南海东缘的马尼拉海沟、所罗门海的新不列颠海沟和珊瑚海的新赫布里底海沟等。这些海沟除长度较小外，其他形态特点与一般海沟无异。

海沟多分布在大洋边缘，而且与大陆边缘相对平行。世界大洋中约有 30 条海沟，其中主要的有 17 条，属于太平洋的就有 14 条。地球上最深、也是最知名的海沟是马里亚纳海沟，它位于西太平洋马里亚纳群岛东南侧，深度为 11034 千米。即使把珠穆朗玛峰放进去，也还差 2180 多米才能露出海面。海沟一般底部狭窄，向上逐渐拓宽，沟壁较陡。少数海沟的沟底稍平坦。所有海沟都与地震有关，环太平洋的地震带都位于海沟附近。这是因为海沟区的重力值比正常值要低，它意味着海沟下面的岩石圈被迫在巨大的压力作用下向下沉降。

海沟是岩石圈板块的汇聚型板

风景优美的太平洋

块边界（消亡边界），大洋岩石圈板块在此俯冲、消亡。海沟两侧普遍呈阶梯状地貌，地质结构复杂。海沟中的沉积物一般较少，主要包括深海相、半深海相浊积岩。海沟是大洋地壳与大陆地壳之间的接触过渡带。海沟的两面峭壁大多是不对称的“V”字形，沟坡上部较缓，而下部则较陡峭；平均坡度为5°～7°，偶尔也有45°以上的斜坡。

海沟常呈弧形或直线形分布，水深多为6～11千米。海沟斜坡地形复杂，切割强烈，多见峡谷、台阶、堤坝和洼地等。沟底可被沉积物充填成不宽的平底。沟底的沉积物不厚，大多不超过1千米，有红黏土和硅质沉积，也有来自相邻大陆或岛弧的浊流沉积和滑塌沉积。海沟与洋盆之间，常有宽缓的海底高地，随海沟走向延伸，这种高地高出洋盆底部300～500米，称为外缘隆起。外缘隆起靠海沟一侧坡度较陡，靠洋盆一侧坡度较缓。

海洋中有许多呈弧形分布的岛屿，人们称之为岛弧。岛弧的分布以太平洋西部海域最多。有意思的是，在这些岛弧靠近大洋的一侧，往往还伴生有一系列与岛弧呈相互平行状态的深邃而狭长的海沟。而且岛弧上的山峰越高，邻近的海沟也就越深，成为海底最深的地方。海沟与大洋边缘的岛弧常常相互配对，形影相随。如在我国的东南海域，被岛弧－海沟系所环抱。中国近海与太平洋之间，隔着一系列像串珠状分布的岛屿。太平洋西部岛弧的东侧，就与岛弧平行排列着阿留申海沟、千岛海沟、日本海沟、琉球海沟、马里亚纳海沟、菲律宾海沟等。

太平洋周围的火山、地震特别多，这是海底地壳沿着海沟俯冲作用的结果。这种俯冲作用常常会给人类带来巨大的灾难。例如1923年9月1日中午，临近日本海沟的东京、横滨一带发生的关东大地震，使55亿日元的财产毁于一旦，伤亡人数高达24万。因此，人们又称海沟是“地狱之门”。岛弧海沟地区是世界上地壳活动最活跃的地方。

海沟与岛弧往往与大陆边缘的

海岸山脉平行分布。形影相随的海沟与岛弧构成了大洋中正负地形的强烈反差：一个深陷海底，成为深渊；一个屹立在洋面之上，成为高山，形成一种奇特的景观。

平静的海盆

海底并不像海面那样善变，一会儿是风平浪静，一会儿是狂浪滔天。海底的变化漫长而深刻。在海洋的底部有许多低平的地带，周围是相对高一些的海底山脉，这种类似陆地上盆地的构造叫作海盆或者洋盆，它是大洋底的主体部分。

形态多样的平地

1. 边缘海盆地

边缘海盆地也称边缘盆地、弧后盆地，是位于岛弧陆侧的深海盆地，为沟－弧－盆系的组成部分。其水深为2000～5000米，外形多样，包括线状和等轴状。边缘海盆地主要分布在太平洋西部，少数见于大西洋和印度洋。

边缘海盆地位于岛弧与大陆之间，或岛弧与岛弧之间，它可以单独出现，也可以被海底岭脊分隔成若干次级海盆。如日本海及鄂霍次克海均属岛弧与大陆之间边缘盆地，

马里亚纳群岛

而非律宾海则属岛弧和岛弧间边缘盆地，并被海岭分隔成多个次级海盆。边缘海盆地大多属于大洋型地壳，有的属于过渡性地壳或变薄陆壳。边缘海盆地中多正断层和地堑张性构造，断裂与相邻岛弧近于平行，盆地中沉积层厚数百至数千米，其物质主要来源于大陆和岛弧。

2. 地球上最平坦的地方——深海平原

深海平原又称深海盆地，是地球上最平坦的区域。这种地形最早于1947年在北大西洋深海底发现。深海平原通常位于大陆隆和深海丘陵之间，水深3000 ~ 6000米，坡度1/1000 ~ 1/10000。深海平原大多光滑平整，近于水平状，有的微微倾斜或波状起伏，大的深海平原可延伸数百至数千千米。深海平原覆有较厚的沉积层，它实际上是不规则的原始地形（如深海丘陵）被大量沉积物铺盖而成的。深海平原向大洋中脊方向，随着沉积层的减薄而逐渐过渡为深海丘陵。

蓝色深海平原

深海平原在各大洋中均有发现，但以陆源物质供应充分且无边缘海沟拦截的大西洋最为多见。太平洋的周缘海沟广布，浊流沉积物难以越过海沟到达大洋盆地，因此太平洋中深海平原分布有限，主要分布于东北边缘。深海平原在地中海、墨西哥湾、加勒比海及西太平洋边缘海（如南海深海盆）中也有分布。

3. 平坦开阔的深海高原

深海高原又称海台、海底长垣，是顶部平坦开阔伸展的海底高地。它一般高于周围海底1000米以上，长达数千千米，通常无明显的地震和火山活动。深海高原台面较平坦，起伏较小，边坡一般较陡，但有的也较和缓。

深海高原按其所在的位置不同，分为边缘海台和洋中海台两种。边缘海台是指发育于大陆边缘上的海底高原，多分布在500 ~ 4000米水深处，为大陆坡或岛坡上的平坦面，一般有花岗岩基底，美国东南岸外的布莱克海台为典型的边缘海台。洋中海台是指洋中孤立的海底高原，多分布于4000 ~ 5500米水深处，其上覆有以钙质为主的较厚沉积物，

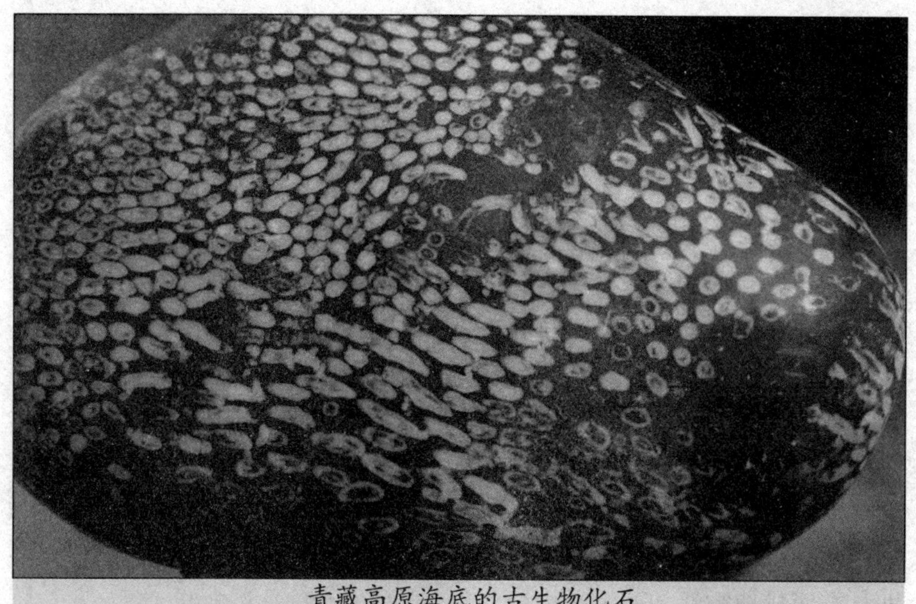

青藏高原海底的古生物化石

有的则具有陆壳性质，被认为是从大陆分离出来沉降的微型陆块，如印度洋中的马斯克林海台。深海高原在太平洋和印度洋分布最广，如太平洋马绍尔群岛和夏威夷群岛之间的海台长2800千米，宽900千米。

高低起伏的海底山川

1. 貌不惊人的深海丘陵

深海丘陵简称海丘，是大洋底部不高于海底500米的水下丘陵或山冈。它一般分布于水深3000 ~ 6000米处，直径在1千米至数千米之间，坡度为1° ~ 15°。海丘外形多属圆形、椭圆形，有的呈长条状延伸，有的海丘上有两个或多个峰顶，少数海丘散布于深海平原之上。深海平原靠大洋中脊一侧，丘陵常成片出现，称为深海丘陵区。

深海丘陵通常由小型盾形火山和岩盖构成，其基岩裸露，有的覆有薄层沉积。深海丘陵在各大洋中均有分布，在太平洋中，由于海沟拦截了陆源物质到达大洋盆地，故深海丘陵分布最为广泛，约占太平洋底面积的一半以上；在大西洋中，深海丘陵平行于大洋中脊，呈条带状绵延；印度洋中也不乏深海丘陵。

2. 绵长陡峭的海岭

海岭又称海底山脉、海脊，是

长条状的海底高地。海岭坡度陡峻，一般高出海底2000～3000米，通常处于海平面以下，有的峰顶露出海面成为岛屿。海岭分无震海岭和有震海岭两类。无震海岭是几乎没有或很少有地震活动的海岭，也称不活动海岭。这类海岭地形一般起伏不大，顶面较平坦，两坡较陡，横断面呈不对称状，较典型的有太平洋夏威夷海岭和皇帝海岭、大西洋的鲸鱼海岭和里奥格兰德海岭、印度洋的东经九十度海岭以及北冰洋的罗蒙诺索夫海岭等。有震海岭即具有明显地震活动的大洋中脊，也称活动海岭。

世界上最典型的海岭是大西洋海岭，也称大西洋中脊。

火山海岭和断裂海岭

海底山脉绵延于海底的大洋中脊和海岭。海底山脉除大洋中脊之外，还有火山海岭和断裂海岭。火山海岭是由海底排列成行的火山链构成的山岭。火山喷发物长期堆叠，可出露海面成为突出立于海面之上的火山锥体。断裂海岭是由大规模海底断裂形成的海底山脉，具有断块山的特点，一般走向挺直，绵延较远，以东印度洋海岭最为典型。

3. 连绵起伏的海山

在大洋中脊，在大洋与大陆接

海岭示意图

壤的边缘，由于海底扩张，大小板块的相对挤压、碰撞，以及大洋板块俯冲到大陆板块之下的地壳运动，导致断裂，产生了山。地震和火山活动，同时也诞生了山。于是，海底有许多的山，称为海山。众多的海山，组成海岭。如北大西洋海岭、印度洋的印度海岭、中印度洋海岭、太平洋上的夏威夷海岭，都是由海山组成的崇山峻岭。这些海山除少数露出水面为海岛外，大多都是藏在海水下的。

我国台湾岛是西太平洋岛弧中的一段。它的北端海域和南端海域都有海山分布。在南海的大陆坡、深海盆上，都有无数的海山。南海中的有些岛屿，只是海山出露的一部分。

在台湾岛东岸的三仙台往南，经火烧岛—蓝屿—小蓝屿—巴士海峡北侧，有一条海岭，长达200千米，水深浅于200米。除上述出露的小岛外，有不少未出露的海山。在台湾南端的鹅銮鼻—七星岩往南至北纬21°，也有一条海岭，长达100多千米，水深浅于200米，个别海山顶部水深仅2米。它比两侧深海底高出几千米，相当于陆地上巍峨屹立的高山峻岭。

南海北部陆坡上缘，有两座珊瑚礁海山，一座是神狐暗沙，其基

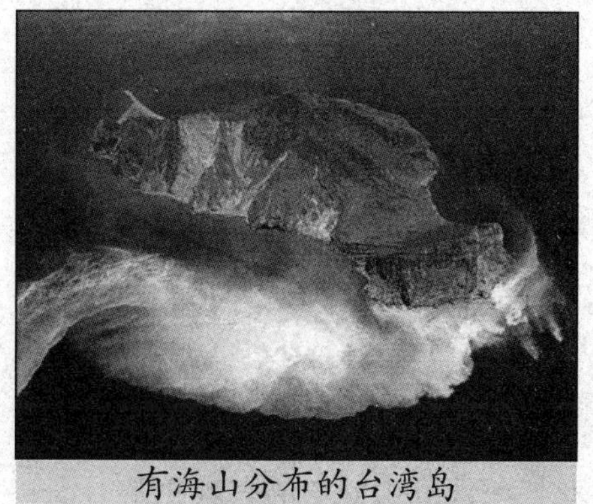

有海山分布的台湾岛

座水深200米，顶部水深11米。另一座是一统暗沙，其基座水深500米，顶部水深10米。东沙群岛的北卫滩和南卫滩也是两座海山，它们在水深3 000米的陆坡台阶上耸立着，顶部水深60米和58米。在它们的北侧和西南方80千米处，还有未命名的几座小海山，它们的基座水深200米左右，而山顶水深只有9 ~ 23米。

在南海西北部陆坡台阶上，除已公布的西沙群岛各岛礁和中沙大环礁外，还有很多在水下100 ~ 600米的海山尚未命名。在南海南部陆坡台阶上，南沙群岛的部分“暗沙”、“滩”是珊瑚礁海山，如普宁暗沙、保卫暗沙、海马滩和勇士滩等。

有众多海山屹立在南海深海盆上。它们的形成和走向形态，与深海盆的成长过程有关。一些呈东北至西南走向，如北部的笔架海山，

中南部的中南暗沙、长龙海山等。有些是近东西走向的，如中部的黄岩海山、珍贝海山等。它们是在3000～4000米的深海盆底挺拔而起，至水深几百米，个别顶部水深仅18米。

海底山脉中的有趣生物

美国政府曾投入重金探索海底山，使用载人潜艇及潜水机器人照相机探索阿拉斯加海岸外及新英格兰海岸外的海底山，探索过程中科学家看到海底山及周围存在有大量生物：从鲨鱼、未知章鱼到珊瑚，人们惊奇地发现，海底山的浮游生物达到了惊人的数量，而浮游生物又吸引了大量水生动物，从而使海洋哺乳动物、鲨鱼、金枪鱼等有了丰富的食物。

色彩斑斓的珊瑚世界

如果你能潜入海底，你的眼前会呈现出一个五彩斑斓的世界，就像是置身在一个童话世界。这些就是珊瑚礁，它们是由珊瑚经过漫长的地质年代繁衍而成的。它们像树枝、像花朵一样装饰着海底世界。鱼儿、虾在水草中悠闲地穿梭着，

唯美的珊瑚礁

自由地游弋着，形成了独特的水下景观。因此，珊瑚礁还被称为“海洋中的热带雨林”。珊瑚礁堪称是地球上最多姿多彩、最古老、最珍贵的生态系统。

珊瑚礁是由珊瑚虫的遗骸经过漫长的地质年代的作用积累形成的。通常，我们把能形成珊瑚礁的珊瑚虫统称为造礁珊瑚。它们的个体直径一般为2～5毫米左右，十分微小。这些小家伙通常都是群体生活，它们单个个体的结构和海葵相似，骨骼成分均为碳酸钙。当老珊瑚虫死亡之后，它的骨骼，也就是那些坚硬的石灰质会保留下来，新生的珊瑚就依附在这些骨骼上继续生存，这样经过年复一年的生长繁殖，一代又一代的更新，这些小小的珊瑚以自己的骨骼为基底，融合了其他生物，造就了礁岩。骨骼堆积得越来越高，造型越来越奇特，一个个独特的珊瑚礁也就横空出世了。

海底建筑师：珊瑚虫

珊瑚虫是海洋动物中最娇小的一种低等腔肠动物，也是海里的建筑师。它的身体呈圆筒状，中央有口，口周围长有八个或八个以上的触手，用来捕获海洋中的微小生物。下端有基盘，可以固定在海底岩石上。它们能够吸收海水中的矿物质来建造外壳，以保护身体触手。

珊瑚虫在生长过程中能吸收海水中的钙和二氧化碳，然后分泌出石灰石，变为自己生存的外壳，等到珊瑚虫死后就会形成石灰质尸骨。

达尔文根据珊瑚礁的不同特点，把它们分为了三类：一类是岸礁。这类的珊瑚礁沿大陆和岛屿岸边生长着，现在最长的岸礁是沿着红海生长的，全长有2700多千米。一类是堡礁，又被叫作堤礁，是离海岸有一定距离的堤状礁体。澳大利亚昆士兰大堡礁是现代规模最大的堡礁，全长大概有2000千米。还有一类是环礁，在海洋中呈环状分布。

住在珊瑚礁上鱼类的幼子孵出来后，会顺着水飘流到远方。不过，它们长大后必须回来，或者去寻找另外一处珊瑚礁，因为只有这样才能寻找到合适的食物和合适的配偶。那么它们是怎样找到“家”的呢？据科学研究表明，它们能找到回家的路完全是靠着珊瑚礁的“导航”。每到夜晚的时候，珊瑚礁就会发出吱吱嘎嘎的响声，这种喧闹声能传很远，以至于几千米之外的鱼儿、虾儿都可以听到。

穿梭在珊瑚礁中的鱼儿

造礁珊瑚对周围的环境要求比较严格。首先是水温。科学家研究发现造礁珊瑚生活的最佳水温是18℃～30℃，最高不能超过30℃。所以，在热带海区，珊瑚在冬天生长得最快，因为最佳的温度出现在那个时候。其次是盐度。造礁珊瑚生长的最佳盐度是27～40，海水纯净，透明度较高。太平洋中部和西部、澳大利亚东北岸、印度洋西部以及大西洋西部从百慕大至巴西一带海区的造礁珊瑚发育得最好。

奇妙的深海沉积物

在我国，大约有1/7的土地是石灰岩。石灰岩被弱酸性水经过漫长岁月的溶蚀，从而形成溶岩地貌，最壮观的有我国广西桂林的峰林以及云南路南的石林。

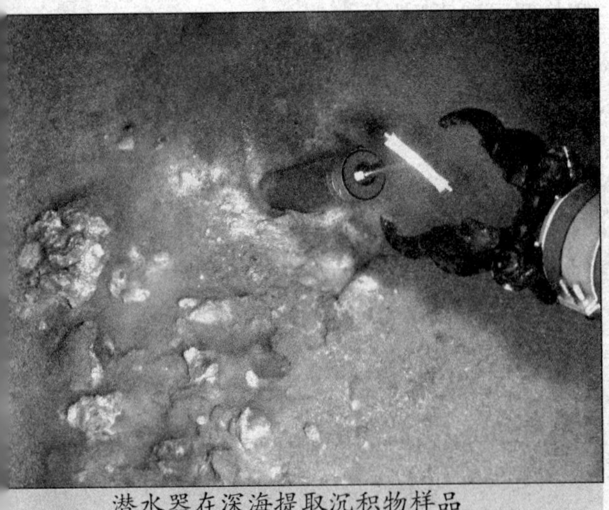

潜水器在深海提取沉积物样品

据说，石灰岩的90%是由海洋中的有孔虫、放射虫、硅藻等浮游生物的遗骸沉积而成的。不过，其沉积速度相当慢，1000年只沉积10毫米左右。桂林峰林的石灰岩层厚达3000～5000米，其沉积时间大约为2亿年。其后，由于地壳变动慢慢隆起形成陆地，又经过大自然千百万年的“雕刻”，从而形成当今的奇峰异洞。

浮游生物遗骸的沉积速度虽然极慢，但它对古气候的研究却非常有用。因为从深海钻探得到的岩芯中浮游生物的化石中，能够明白从海底诞生时，直到现在地球的气候变化。而其中的某些信息，给古地磁的研究提供了重要的信息。即从沉积物中发现在过去的4000万年之间，地球磁极至少发生过140多次的逆转。

浮游生物还与地球温暖化有微妙的关系。即浮游生物能起到固定二氧化碳的作用。因为二氧化碳与钙能形成石灰石。因此，地球上约90%的二氧化碳被作为石灰石固定下来。如果浮游生物全部死亡，那固定二氧化碳的系统可能崩溃，大气中的二氧化碳浓度将上升，从而引起地球的温暖化。

桂林地貌

你知道吗

海底有风暴吗

其实，类似于陆地上飓风的各种激流一年四季都会在海底发生。甚至在一些海域，这种海底风暴每年要发生5～10次。当海水和大气运动的能量集聚到一定程度时就会发生海底风暴。当海底风暴袭来时，海底也会发生类似陆上沙尘暴的景观。海底风暴所经之处，无论爬行动物、植物、还是礁石和海底通讯电缆、测量仪器都会被埋在沉积层下。海底风暴能量之大实属罕见。最猛烈海底风暴的破坏力相当于风速高达每小时160.9千米的风暴，而我们知道风速超过每小时119千米时已是飓风了。

叹为观止的深海雪花

让我们想象乘坐潜水艇潜入海底的过程。随着深度的增加，光亮开始减弱，渐渐变成一个深蓝色的世界，最后四周一片漆黑。

坐在艇内向窗外望去，偶尔会有亮点一闪而过——是发光生物们。

打开探照灯，窗外竟然漂着雪花一样的物质。当潜水艇下降时雪花自下而上运动，当潜水艇上升时

不可思议的深海雪花

雪花自上而下运动，如下雪一样。这就是“海雪”。

雪花各式各样，大多如鹅毛大雪，一块块凝结在一起，似乎一触即化。这些物质有的是浮游生物的尸骸被鱼类吞食后排出的粪便，这些物质再被分解，就变得面目全非；有的是陆地上随流而来的矿物颗粒球。

这种海雪漂荡在海水中，承担着将海水表层生产的物质搬运到深海的重要任务。同时它也影响着海洋微量元素的分布。

浮游生物的残骸在中、深层海被氧化分解，按照莱德菲尔比产生氮、磷、碳等元素。因此中、深层的海水的营养素比表层丰富。

不仅是海水中的营养素受海雪影响，其他多种微量重金属也受海雪的影响而变化。

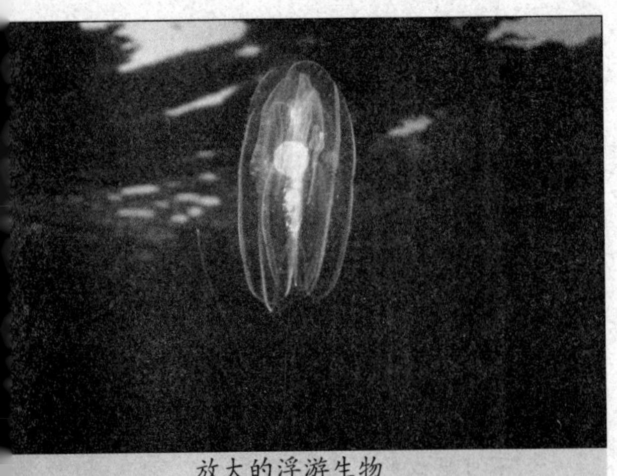
放大的浮游生物

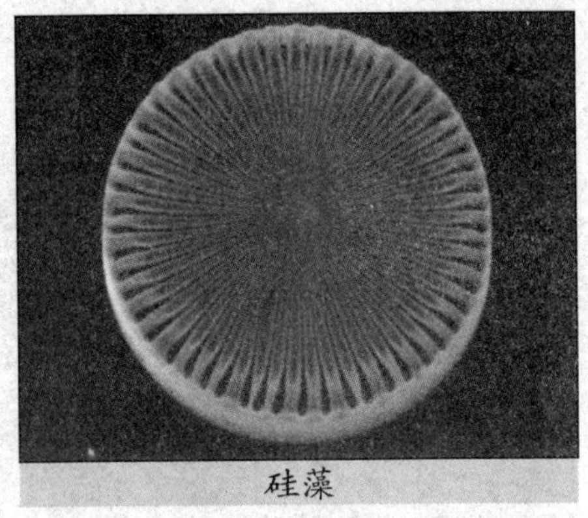
硅藻

海雪中除了有机物，大部分是硅藻等的硅酸盐外壳或者圆石藻和有孔虫的碳酸盐外壳。这两种成分的比例随海域和深度的不同而不同。而那些同生物无关的物质主要是来自陆地的土壤粒子和海水中的沉淀物。

那些同生物生长密切相关的颗粒的沉降量随表层海面中生物生产力的高低不同而差异明显。海雪的化学成分也随海域和季节的不同而变化。

北太平洋和南极海的海雪中硅藻偏多，而北大西洋的海雪中石灰质的圆石藻偏多。有机物的比例一般随深度的增加而减小，有的在中途就发生分解。

尽管如此，到达海底的海雪中仍然含有许多新鲜的有机物，是深海生物高营养的食物。另外，海雪的沉降量随表层生物的生产季节而变化，从而也使得海底生物可以感

觉到季节的变化。

海中的动物也受气候影响

科学研究表明，在大洋表面所发生的气候变化，正在对海面以下2.5英里生活的体积大一些的动物群落产生影响。虽然现代大洋深处的海水几百年以来从来不和上层水相混合，但是，海面以上的气候变化依然对洋底的底栖物种的爆发与繁荣生长起到推动的作用。海洋里的动物，会像在浅水或者陆地环境生活的动物一样受到气候的影响。

海底火山爆发与可怕的海啸

海底火山的喷发，常常强烈震撼大海底部构架，致使整个大海波涛激荡，不仅将海面上的船只打翻打碎，甚至会激起几十米高的大浪袭击海岸边的城市，给人类的生存造成重大危害，这就是海啸。有人说："海啸是地球的终极毁灭者，是地球上最强大的自然力。"

汤加海底火山爆发

风吹动海面也同样可以产生大浪，但这与海啸带来的浪或潮有很大差异。比如，微风吹拂海面，会激荡起短小的波浪，并且，这种微风所产生的水流只会在浅层水体出现，而狂烈的大风却能在海面上带起高达3米的海浪，但是即使是如此猛劲的风，也只是在水体的表面肆虐，对于深处的水，它们是无能为力的。唯一同海啸一样，强烈影响深海的是潮汐现象。潮汐每天都会在全球的海洋中发生，它是由太阳和月亮的引力引起的，它的影响可以深入到海洋的底部，从深海撼动整个海洋。海啸也是这样，它可以对整个海洋水层造成影响，它是由海底的地震震撼产生的，同为海啸成因的还有海底火山爆发、陨石撞击等。

海啸波浪在深海行进速度非常高，甚至可达700千米/小时，速度不亚于波音747飞机的飞速。虽然如此，深海中爆发的海啸，其危险性并不大，它所产生的震荡只能激起几米高的单个波浪，而且长度和影响范围都不大，跟整个海面相

疯狂的海啸

比实在微不足道。很多这种波浪在深海中被消化掉了，而不被人们感知到,但是如果海啸发生在浅水中，一切的后果将是灾难性的。

海底火山喷发的时候，多会伴随地震。此后,海底地层会因此断裂，同时造成从海底到海面的整个水层强烈震动，如果火山喷发的地点在浅水处的话,会在海面上掀起巨浪，那高达几十米的惊涛骇浪会形成声势浩大的“水墙”。而且海啸的波长非常大，传播几千千米之后，依然蕴藏巨大的能量。一旦海啸到达海岸，登陆后的“水墙”会给人类带来巨大的经济和精神损失。

你知道吗

世界上最大的火山群

1992～1993年，科学家在东太平洋秘鲁和智利海岸以西水深为3000米的海底上，发现了由1113个火山形成的海底火山群，它的分布面积达18.2万平方千米，高度最低的为600米、最高的达2100米，在这些火山群中有200多个为活火山。这就是迄今为止人类在大洋底发现的规模最大的火山群。

谁“砍掉了”海底的山头

在陆地上常见到山顶为尖顶，偶尔见到一些山头为圆形平顶山。在我国沂蒙山区可以见到山顶呈圆形、平展而开阔，称为“岱崮地貌”。

在海洋中有许多海底山，既有尖顶，也有平顶。海底平顶山的山头就像有人用锯把大树从根部截断后遗留的树根。最早发现海底平顶山是在第二次世界大战期间。美国科学家普林斯顿大学教授哈利·哈蒙德·赫斯当时在“约翰逊”号军舰任舰长，负责调查太平洋洋底的情况。他们利用回声测深仪，对太平洋海域海底进行调查，发现许多海底山。它们或是孤立的山峰，或是山峰群，大多成队列式排列着，南火山熔岩形成。平顶山有高有矮，

有的甚至在2000米水深处。凡水深小于200米的平顶山，赫斯称它为“海滩”。1946年，赫斯正式命名位于2002米水深的平顶山为“盖奥特”。这是赫斯为纪念他的瑞士地理老师而命名的，也源自普林斯顿大学平顶的地质大楼英文名（以19世纪地理学家盖奥特邛可诺德·亨利命名）。

海底平顶山曾经在海平面以上，并逐渐依不同阶段下沉，有岸礁山、珊瑚岛，最后成为海底平顶山。海底平顶山是位于大洋底部呈孤立分布、顶部截平、高出海底很大高度的圆锥形体。它的基底往往是过去的火山，上部是珊瑚礁体，礁体厚度可达1500米。从外形看，平顶山是一个上小下大的锥状体。平顶的直径一般在5000～9000米，而基座为1万～2万米。从山顶到半山腰较陡，而从半山腰往下坡度变缓，呈逐级阶梯下降。

然而它又是怎样形成的呢？赫斯发现海底平顶山后，苦苦思索：海底山为什么如此平坦？经过研究，他揭开了平顶山的形成之谜。首先是平顶山锥的形成问题。一般认为海底平顶山是海底火山喷发形成的火山锥。人们在平顶山找到了大量的火山喷发岩——玄武岩。其次就是山锥平顶的由来。这个问题有多种说法。

陆地上尖头山

岱崮地貌

按照赫斯的说法，原来平顶山是露出海面的火山岛，后来由于海水长时间的侵蚀，山头部分被“削”平，才形成平顶山。证据是，有人在平顶山顶部找到了一些磨圆度很好的玄武岩砾石。这些砾石的存在，说明平顶山曾经在一段时间里接近海面，受到过海浪的洗礼。海浪对碎石起到磨蚀作用，估计当时山顶距离海面最多只有一二十米。而今天的平顶山顶已经在海下好几百米甚至达到1000米以上。在这个深度，海浪是难以起到什么作用的。只有那些不高不矮、略高出海面的山头，才会时常遭受海浪的冲刷、磨蚀，天长日久，山头被削平，形成略低于海面、顶部平坦的平顶山。

另外一种说法是，平顶山的“平顶”是当年火山喷发后形成的火山口，由于当时火山口接近海平面，使大量珊瑚在四周繁衍，形成环礁，死亡的珊瑚堆积在火山口一带，使火山口变平，最后形成了平顶山。

火山岛

第四章
海洋神话与海洋趣事

浩瀚的海洋孕育了丰富多彩的海洋文化。大海的神秘、险恶和变幻无常，使它对人类有极大的诱惑力，海洋成了展开想象的翅膀、考验和显示人类意志力量的理想场所。人们对海洋的认识非常有限，对于一些发生在海洋上的现象，还做不出科学合理的解释，所以诸多有关海洋的神话就随之诞生了。

海洋诞生的传说

很久很久以前，没有天，也没有地，只有混混沌沌的一团气。

这团气的正中央裹着一个核，像是个大鸡蛋。在“鸡蛋”的“蛋黄”里，孵育着一个小生命，他的名字叫盘古。

传说的盘古雕塑

盘古长得可真慢，他一动不动地睡啊，睡啊，睡了一万八千年，终于醒来了。

他一睁眼睛，漆黑一片，什么也看不见；动动身子，紧巴巴的，裹得难受；吸了口气，憋闷闷的，胸口也不舒服——原来周围是一团死气。

盘古可不愿意再睡了，他一展腰，一伸胳膊，一踹腿，想要活动活动。

这么一搅和不要紧，把那团死气搅开了。只听得“轰隆隆”一阵巨响，缕缕清气袅袅上升，团团浊气徐徐下降。清气越升越高，化作了天；浊气越积越厚，变成了地。盘古头顶青天，脚踏实地，站起来了。

“天”还在升，每天升起一丈；“地”还在积，每天积厚一丈。“天”、“地”之间，站着盘古。盘古不愿意“天”、“地”再合拢来，他长啊，长啊，每天也长高一丈。天升到九万里高，地积到九万里厚，盘古也长到九万里高。

盘古立地顶天，一顶顶了一万八千年。他实在太辛苦了，终于因体力不支而死去了。

可是，盘古身体里有一股活力。他虽然死了，生命力却没有消失；他吐出来的气变成了风和云；他发出的声音变成了雷霆；他的左眼变

成了太阳，右眼变成了月亮；他的头发和胡子变成了星星。盘古的身体倒下了，可是他的四肢却变成了东、南、西、北四根天柱，仍然擎着天。他的躯干变成了五岳，他的血液变成了流动不息的江河，他的肌肉变成了沃土，汗毛变成了草木，筋脉变成了道路，牙齿和骨骼变成了金属、玉石，骨髓变成了珍珠矿藏，甚至连点点滴滴的汗水也都变成了滋润万物的雨露。

谁是北美神话中拯救人类和动物的人

在北美神话中，博塞安加是最聪明的人。当时，造物主把自己的肉放在海里作种子，用自己的体温来孵化它。于是，海里生出绿色的泡沫，这些泡沫后来变成了大地和天空。在大地最深的岩洞里，有了人类和各种动物的种子。它们像蛋一样，当里面的生命长大成型后就破壳出世。这样，人类以及各种各样的动物纷纷繁殖起来，在黑暗的岩洞里拥挤着、争执着。这时，最聪明的人博塞安加从海洋的最深处，来到人类和动物之间。他穿来穿去，终于找到了通往地面的路。他找到了万物之父太阳，请求太阳把人类和动物从地底下拯救出来。太阳答应了他的要求。这里的问题是，你知道博塞安加是怎样找到从海里通往地面之路的吗？如果你能找得到的话，你也就变成一个最聪明的人了。

从此以后，世界出现了。

那时候，天上慢慢有了“神”，地上有了“圣”。这些“神”“圣”，有的是人的模样，有的又像人又像野兽，还有像鸟的、像蛇的、像虫的。其实，天上的神和地上的圣没有太大的差别，他们经常把西方的昆仑山当天梯，你上我下，来来往往。除了山岳可以做梯子以外，西南方向还有一棵大树，叫作“建木”，也是通天的。

神圣们不大安静。有时候，神圣们还常常因争执而打架。这样，就难免给新的天地带来麻烦。

有一次，水神共工和火神祝融不知为什么打起来了。那个共工长着人的脸、蛇的身子，一脑袋红头发，常常兴风作浪；祝融呢，人面兽身，乘着两条龙，性格也很暴躁。两个人碰到一起，那真叫“水火不相容”。有时候，水被烧干了；有时候，火又让水浇灭了。这一回，共工掀起滔天的洪水，祝融点燃了森林大火，谁也不让谁。一场恶战，火神祝融把水神共工打败了。

共工吃了败仗便恼羞成怒、气急败坏地跑到不周山，拿自己的脑袋往山上撞。

不周山在哪里呢？在大地的西北角，它是一根擎天柱。共工的蛮劲儿可真大，一头把这根擎天柱撞断了。

这下子可糟啦，天柱一断，西北角的天空塌了一块。再说，天空本来是由四根天柱支撑着的，少了一根柱子，大地就失去了平衡。天空的重量压在其他三根柱子上，把东南角的地皮压得直下沉。

大地震荡起来，地皮裂开，大火燃烧，江河泛滥，洪水横流。一切全都失去了秩序，恶禽猛兽到处乱跑，趁机吃人。

看到这种情形，有一个神着急了，她的名字叫女娲。

女娲是个善良的女神，她尤其喜欢人，因为人是她造出来的。当初盘古开天辟地以后，她捏了一些泥娃娃，让它们变成了人。她想在大地的各处都放上人，可是地太大，她捏不过来，后来，干脆找了根绳子，蘸着泥汤到处甩。泥点落到地上，也都成了人。

以后，女娲又把人分成男人和女人，教会他们生儿育女，让他们安居乐业，她对自己的成绩很满意。

女娲娘娘补天像

现在看到人们遭殃，她心急如焚。于是，她拣了好多五颜六色的石头子儿，架起火来烧炼。烧啊，烧啊，石头子儿被烧化了，变成了五色糊糊，女娲就用这些五色糊糊来补天。她忙了不知有多少日子，终于把坍开的天窟窿补上了。

大地经过那么一折腾，其他三根天柱也已经毁坏。女娲恐怕天还会塌下来，就抓了一只很大很大的龟，砍下它的四条腿，放在四个角上，把天空重新架稳了。

还有那些到处吃人的毒蛇猛兽怎么办呢？它们太多啦，抓是抓不过来的。女娲逮住为首造孽的一条

黑龙，把它当众宰了，使那些小喽啰不敢再放肆。然后，她又用炼石剩下的炉灰堵住决口，让洪水不再泛滥。忙了一段日子，总算把世界重新收拾一新。

可是，补过的东西怎么也不如原来的完整，它总会留下一些痕迹：西北边的天空往下塌过，所以太阳、月亮、星星就从那里落下去；又因为是用五色糊糊补的，所以那里的天空常常出现五彩缤纷的云霞。

还有，东南角的地皮不是往下陷过吗？大地从此可没有原先那么平了：西北角高起来，东南角低下去，江河里的水日夜不停地往东南流。陷得最厉害的地方有个大深坑，叫“归墟”。水往归墟流啊，流啊，在它的周围，形成了一片汪洋，这就是大海。

归墟在哪里呢？在渤海东边不知几亿万里的地方。说也奇怪，在归墟的水面底下，出现了一个无底洞。大海的水灌满深坑以后，就往无底洞里流。一流进无底洞，可就归了墟了，谁也不知道那些水又流到了哪里，所以，大海的水既不增加，也不减少。它不会溢出来，也不会干涸，总是那么多。

归墟的无底洞里，住着一条大鱼，有几十里长，像条泥鳅，它的名字叫“海鳅”。这条海鳅的生活很有规律：每天早晨，它总要出来找食；到了晚上，它就要进洞睡觉。每当海鳅游出洞口，海水就激荡起来，层层海浪涌向岸边，就是“海潮”。每当海鳅归洞，海水又要激荡一次，就是“海汐”。海鳅的活动非常准时，所以，海边的潮汐也是定时的。

海洋的浩瀚使人类感到自身的渺小，海洋的丰饶为人类提供了取之不竭的宝藏，而海洋的神秘则让人类既恐惧又忍不住想要接近它，探寻那些隐藏在海洋深处的秘密。

对人类来说，海洋是强大的、神秘的、难以征服的，在性能优异的海船出现之前，情况更是如此。

无数航海先驱被大海肆虐的风暴、隐藏的暗礁、浮动的冰山吞没而葬身海底。1973 年，在一次寻找石油的钻探中，偶然在中国浙江余姚发现了河姆渡古人类遗址，从厚达 2 米的海生贝壳层中，发现了一把小型木桨，证实了船的历史至少有 7000 年之久。

在中国的夏代出现过“东狩于海，获大鱼”的文字记载，说明我们的祖先早已开始向大海寻求食物。

人类对海洋的梦幻与追求一脉相承，航海的人们穿越海洋，发现了新的大陆、新的人群，航海者们用他们的勇敢和牺牲，逐渐揭开海洋神秘的面纱。

四海海神与四海龙王

在中国人的传统观念中，中国周边有东、西、南、北四海，凡是海就有海神，因此中国有东海、西海、南海、北海四海海神。这种观念和信仰自古就有，早在夏商周时期，已经出现了“四海海神”的信仰。先秦时代的《山海经》中就有记载，并记载有四海海神的名字：东海海神禺虢，南海海神不廷胡余，西海海神弇兹，北海海神禺强（即禺京）。其中东海海神禺虢与北海海神禺强还是父子。

四海海神中，在汉代之前，东海海神是最重要的；汉代之后，南海海神也成为重要的海神。东海海神之所以最为重要，是因为尽管有四海，但东海广大，在古人的观念里包括今黄海和东海，而且黄海和东海区域是古代中国王朝统辖最早、距离中原王朝中心最近的沿海和海岛地区，因此一直十分重要，从先秦到清代，东海海神一直受到王朝中央政府的祠祀；而南海自汉代进入中原王朝版图之后，尽管距离中原京畿地区遥远，但自汉代开通海上丝绸之路，就一直是中国对外开放的南大门，所以南海海神地位也十分重要，历代有皇帝望祭或遣官祭祀。

四海龙王信仰是随着历史的发展，由中国早期的四海海神信仰，受到佛教的影响，逐渐演变来的。

历代帝王对四海龙王的推崇和祭祀始于唐代，朝廷正式册封龙王。朝廷的册封使民间信仰中龙王的地位大大提高，龙王信仰更为升温，龙王庙宇在民间迅速发展。“四海

神话中的四海龙王

龙王”也有了各自具体的“姓名”：“东海龙王敖广”、“南海龙王敖钦”、“北海龙王敖顺”、“西海龙王敖闰”。从此以后，在中国民间信仰中，东西南北四海便全部由四海龙王“接管”，成为海中之王、水族统帅和海洋世界的统治者了。四海龙王中，“职位”最高、最为人们信仰的“龙头老大”，依然是东海龙王。他（它）居于东海龙宫。沿海民间所普遍崇拜、祭祀的，主要是东海龙王，一般敬称之为“龙王爷”。对“龙王爷”的信仰崇拜，在中国沿海各地，从南到北，十分普遍，龙王庙，龙王庙中的香火，在沿海和岛屿地区的村村镇镇，或大或小，或新或旧，随处可见。

八仙过海与妈祖娘娘

《八仙过海》的故事，在我国可以说流传甚广。关于《八仙过海》的故事，在过去的史书中均有不同的记载。鲁迅《中国小说史略》“明之神魔小说（上）”；《四游记》，其书凡四种，一曰《上洞八仙传》，亦名《八仙出处东游记传》。

“传言铁拐（姓李名玄）得道，度钟离权，权度吕洞宾，二人又共度韩湘曹友，张果老、蓝采和、何仙姑则分别成道，是为八仙。一日俱赴蟠桃大会，归途各履宝物渡海，有龙子爱蓝采和所踏玉板，摄而夺之，遂大战。八仙‘火烧东泽’，龙王败绩，请天兵来助，后得观音和解，乃各谢去，而天渊迴别天下太平之侯，自此始矣。”

又据《东游记传》，八仙过海时，吕洞宾倡议谓不得乘云而过，须各以物投水，乘所投物而过。于是，铁拐李投杖水中，自立其上，乘风逐浪而渡；韩湘子以花篮投水中而渡；吕洞宾以箫管投水中而渡；蓝采和以拍板投水而渡。其余张果老、曹国舅、汉钟离、何仙姑等各以纸驴、玉板、鼓、竹罩投水中而渡。终俱得渡海，是谓“八仙过海，各显神通”。

八仙过海的传说在民间流传最广，而且南北的版本基本上是统一的。这和它的故事性强和很接近人类活动有关。人们创造了八仙过海的故事，实际上是人们征服海洋愿望的理想化身，是文学创作中的浪漫主义手法。

除了八仙之外，妈祖是源于我国最具典型意义的海神。

妈祖即天妃，又称“天后”“天母”“天上圣母”，福建和台湾称“妈祖”或“妈祖婆”，广东俗称“婆祖”。此外还有“碧霞元君”“水仙圣母”“林夫人”等称呼。

在我国的沿海各省（市、区）以及东南亚各国，凡有航海和漕运的地方，莫不有天妃庙。甚至于远在太平洋中心的檀香山也有天妃庙。其中台湾一地即有天妃庙500余座。天妃是我国与海洋打交道的人们心中的“女海神”。她犹如西方的圣母玛丽亚，又犹如东方的救苦救难的观世音菩萨。

海神——妈祖娘娘

由于天妃显灵于海上，北宋宣和五年（1124年）赐封为“南海神女”；南宋高宗绍兴二十九年（1159年）封为“崇福灵惠昭应夫人”；南宋绍诏熙三年（1192年）封为“显惠妃”；元朝世祖至元十五年（1278年）加封为“天妃”；惠宗至正十四年（1355年）封为“辅国护圣庇民圣济福惠明着天妃”；明思宗崇祯元年（1628年）加封为“碧灵元君”；清圣祖康熙十九年（1680年）封为“护国庇民妙应照应弘仁普济天妃”,后又纪历加封为“天后”。雍正四年（1726年），御赐“神照海表”；十一年（1733年）赐“赐福安澜”。每年的三月二十三日天后圣诞朝廷都要派礼部官员进行祭奠。民间也要结群前往庙宇进香。

海神娘娘（又称天妃或妈祖），相传宋太祖建隆元年（960年），农历三月二十三日，福建莆田湄洲林家生一女。因她“生至弥月，不闻啼声，”父母乃命名为“默”。林默自动好学，聪颖过人，8岁从师读经，经目成诵，闻一知十。她的水性极好，熟悉海上气象，风浪天独驾小舟为渔家排难，救死扶伤。17岁时，见一商船遇险，即投草化木，落水者得木还生。因此，被誉为神女。

宋太宗雍熙四年（987年）九月初九，林默在湄州岛猝然“升天”。人们怀念敬仰她，在其“升天”之地立庙祭祀。从此，民间流传着林默生前拯溺救难和“升天”后显灵护国庇民的许多神话故事。

据山东长岛《林夫人庙志》载：“兴化军境内各海口，旧有林夫人庙，莫知何年所立，室宇不甚广大，而灵异素着。凡贾客人海，必然祷祠下，求杯王交，祈阴护，乃敢行……”

随着我国航海业的发展，妈祖信仰得以广泛传播。

天妃娘娘被加封了多少次

天妃在宋代就不断地加封，其中136年间共计加封13次。明代永乐年间又加封为“普济天妃”，清代康熙时再加封为天后。自宋、元、明、清以来航海家、渔家及沿海地带的各族人民一直把她当作自己心目中的保护神，他们走到哪里，海神娘娘的神话就传到哪里，天妃宫就修到哪里。目前，全世界妈祖庙约1500座，妈祖的信徒达1.3亿人。在我国沿海地带到处可见到天妃宫，连西沙、南沙群岛上，也发现有渔民建造的天妃庙，在台湾就有妈祖庙510多座，岛上有2/3的人信仰妈祖。“妈祖现象”作为一种海洋文化现象，对中华民族文化的影响之大由此可见一斑。

海洋众神灵信仰

在中国的海洋民俗信仰中，除了四海海神、龙王、妈祖之外，还有一些与海洋现象和海洋生活、环境条件相关的神灵信仰，如潮神、船神、网神、礁神、鱼神、盐神、岛神等，更是五花八门，民间海神神灵塑像极为普遍，几乎渔村、码头、船上、海岸、山头、家中、寺庙，处处都有各门各类海洋神灵被塑像立牌、建寺立庙，人头攒动，香火缭绕。这里我们仅举几例。

鱼神

鱼神是渔民信奉的神灵。渔民以打鱼为业，打的鱼多，渔获量大，即是丰收，即是“发财”，他们相信，海中大鱼即是鱼神。敬了鱼神，打鱼就会逢上鱼汛，就会赶上鱼群，就会丰收发财。山东沿海所信奉的海神，俗称“老人家”“老赵”“赶鱼郎”等，其实是位鱼神，即鲸鱼。鲸鱼能逐鱼入网，故称“赶鱼郎”。鱼丰即发财，称之为“老赵”，意谓财神赵公元帅。“老人家”又是对“老赵”的敬称。渔民们对“老赵”的信仰形式表现在许多方面。如渔民在岸上见鲸鱼游行海中，称之为“过龙兵”，视为吉兆，要烧香焚纸遥望祭拜；如在海中遇鲸鱼，要先往水中撒米，再由船老大率全体船员烧香焚纸，口称“老人家”，并向之跪拜祷祝。舟山渔民将鲸鱼称为“乌耕将军”，看到“乌耕”露面，就意味着鱼群将至。浙南玉环、洞头一带渔民，将每年三月开春时

看见的第一条浮出海面的大鱼奉为海神，对之举行祭祀。

潮神

潮神是区域性很强的一位神灵，主要由吴越文化区的江浙一带沿海民间所信奉，后又逐渐传播到福建沿海民间。潮神神主为伍子胥。伍子胥原是吴王夫差的大臣，死后被奉祀为潮神。最初的祭祀地点在会稽，自唐已降，杭州湾祭祀潮神的中心区域，由浙东会稽转移至杭州，对杭州城南吴山的伍公庙重视有加。唐宋之后，伍子胥庙遍布江浙一带沿江沿海。在广东潮汕地区，潮神是俗称水父、水母的神灵。

港神

港神即海港之神，专司港口航道安全。唐代，福建“甘棠港”的港神，据传很灵验，曾经被皇帝敕封为“显应侯”。山东荣成上庄镇沿海有千步港，近港有黄华山，上有黄华庙，庙内所祀奉的黄华大王，就是护佑千步港的海神。元代千八港黄华庙石碑今已发现。众多的港口神，实际上也是一些地方性海域的保护神。

船神

船神，在中国东南沿海一带俗称“船老爷”“船菩萨”。在嵊泗列岛俗称“船关老爷”。船神有鲁班，因他是造船的祖师爷；有关羽，因他刚毅勇猛，受到渔夫尊敬；也有杨甫老大，是个捕鱼能手。除此之外，还有妈祖、观音等。船上有“圣堂”舱，专供船神。

礁神

东南沿海，尤其是舟山群岛海域中有许多礁群，礁石或林立于海面，或潜伏于水下，过往船只一有不慎，便有触礁危险，民间遂生礁神崇拜。舟山嵊泗大洋岛有圣姑礁，礁上有庙，供祀“圣姑娘娘”。圣姑娘娘即是一位礁神。渔船来往过礁，必登礁祭祀，以免在附近海域有触礁、破网等事故发生。民间相传，圣姑娘娘是位海上巡行娘娘，每逢大雾天和风暴天，娘娘会在诸礁之间提灯巡行，如同现在的灯塔，为海上航行的船员和渔民指明方位和航向，转危为安，遇难呈祥。

海边礁岩

狐仙

狐仙之类，平日在人们眼中似乎与海事无缘，但在沿海不少渔村也被奉为海神。如山东龙口屺姆岛村，渔民普遍信狐仙太爷，视狐仙太爷为海上保护神。海上遇风浪，向狐仙太爷祈祷许愿，祈蒙保佑，安全回航后要到庙里还愿，放鞭炮。庙中狐仙太爷塑像为一白胡子老者，红光满面。在中国神话传说中，九尾狐是治水大禹（也被信仰为海神之一）的妻子，后世被神化，成为沿海和内地民间广泛崇拜的神灵。

盐神

盐作为人体必需的物质，很早就为人们所认识和利用。人们在认识海盐、开发海盐的历程中，那些与海盐的生产管理有关的重要人物，往往被赋予神话的色彩。先秦时期的宿沙氏和管仲，便是其中被神化为“盐神”的人物。龙王也是沿海盐场民间社会群体信仰的重要神灵之一。

海中灵怪

在中国民间海洋信仰中，各地都有一些关于海体海水的信仰，关于海岛岩礁由来的信仰，关于渔船渔具的信仰，关于海洋水族动物的信仰，关于海中精灵的信仰，关于著名涉海人物的信仰，以及关于海上仙山灵物的信仰等，在沿海尤其是岛屿地区民间社会广泛传承。传承的方式，主要是故事传说，大多充满神圣感、神秘感，不少也有恐怖感和敬畏感，旧时沿海、海岛渔村多有小庙祭祀之。

希腊众神

1. 希腊神话中航海者的保护神

在很久很久以前，当时的人们还没有掌握先进的航海技术，在海上航行和捕鱼的人们，一遇到恶劣天气，常常因无法抵御狂风暴雨和巨浪的袭击而船沉人亡。因此，人们非常渴望有一位海神暗中庇护他们，使他们在航海途中一帆风顺，平平安安。于是，在希腊神话中，就产生了一位航海者的保护神，她的名字叫布里托玛耳提斯。布里托玛耳提斯原本是一位女猎人，她本领高强，勇敢而又机智。为了躲避克里特王的无理追求，她纵身从悬崖峭壁上跳入海中，结果因被打鱼人的渔网捕获而得救。由于布里托玛耳提斯的贞洁，月神阿尔忒弥斯使她长生不老。每当有船只和人员在海上遇到危险的时候，她就赶到

他们的身边，使他们化险为夷，转危为安。从此，布里托玛耳提斯就成了航海者的保护神。

“翠鸟双飞”的故事

在海滩上或海岸上，有时你会看到长着一身翠绿色羽毛的鸟儿，它们成双成对地在水中寻找小鱼和小虾吃。这种鸟儿的尾巴较短，嘴却又长又直，叫声婉转动人，非常惹人喜爱。更有趣的是，它们无论是觅食、飞翔，还是栖息、玩耍，总是一对一对的，形影不离，这就是所谓的“翠鸟双飞”。

2. 希腊神话中的海鹰

一望无际的大海上，有时你会看到一只海鹰张着巨大的翅膀，穿云破雾地翱翔在碧海蓝天之间；远处，一群海鸟见海鹰飞来，惊慌地四下散去，海鹰在后面紧追不舍。看到这样的画面，你知道其中的奥秘吗？说起来，海鹰和海鸟还与希腊神话有关呢！传说中，墨伽拉国王尼索斯是海神波塞冬的孙子。他长有一根波塞冬赠给他的金发，这根金发维系着尼索斯的全部生命。当克里特国王米诺斯围困尼索斯的城市时，尼索斯的女儿斯库拉却爱上了米诺斯，并接受了贿赂。她趁父亲尼索斯熟睡之机，按照行贿人的吩咐剪掉了他头上那根具有神奇法力的金发，出卖了她的父亲和国家。尼索斯死后变成一只海鹰，在海天之间飞翔。米诺斯攻下城池后，并没有接受斯库拉的爱情，而是抛下她率船队离去。斯库拉为了能和米诺斯在一起，就跳进海里追赶船队，终因筋疲力尽而被海水淹死。斯库拉死后变成了一只海鸟，经常受到海鹰的追逐和捕杀，过着惶惶不可终日的日子。

3. 希腊神话中的“池塘双神”

在希腊神话里，天帝宙斯背着天后赫拉与自然女神塔利亚偷偷相爱，结果使塔利亚怀孕。由于害怕天后赫拉的迫害，塔利亚请求神让大地把她吞没，这样赫拉就无法找到她。塔利亚的产期快到时，结果竟从池塘里托出一对漂亮的小男孩帕利客兄弟，他们成了池塘双神。后来人们要申辩自己的无辜时，往往跳进这个池塘恳求双神进行判决。如果投身池塘的人说谎，他就会葬身水底；如果他是无辜的，那他就会安然无恙地浮出水面。

4. 海老人普洛透斯

希腊神话中的海老人普洛透斯，

住在埃及附近的一个小岛上，给海神放牧海豹。他有着超人的本领，既能预言未来,又能变出各种形态。如果有谁抓住他，等到他恢复原形时，他将回答抓他的人所提出的各种问题，而且绝对不会出错。希腊英雄墨涅拉俄斯被逆风吹到埃及，不知道该走哪条路才能返回故乡。于是在海老人普洛透斯女儿的帮助下,墨涅拉俄斯趁普洛透斯午睡时，一把将普洛透斯抓住。为了能问出回家的路，无论海老人普洛透斯变成狮子、巨龙，还是树木、流水，墨涅拉俄斯总是死死抓住他，一点也不松手，终于迫使普洛透斯告诉了他回乡的路。后来，人们就用“普洛透斯”表示千变万化，用“普洛透斯的形象”比喻难以捉摸。这个故事也说明了这样一个道理：任何人无论做什么事，只要持之以恒，终能取得成功和胜利。

西方海妖

1. 吞吃水手的女海妖斯库拉

斯库拉是希腊神话中吞吃水手的女海妖，她有 6 个头 12 只手，腰间缠绕着一条由许多恶狗围成的腰环，并且有猫的尾巴。

根据传说，斯库拉曾经是一位美丽的水仙女，是海神福耳库斯的众多子女之一。一位英俊的渔夫格劳科看到了在水边漫步的斯库拉，疯狂地爱上了她，然而斯库拉并不喜欢他，并且躲避着他的追求。格劳科为爱情所苦，向女巫师喀耳刻陈述了自己对斯库拉的爱慕并请求帮助，谁知喀耳刻却因为这些爱情故事爱上了这位渔夫，但格劳科没有接受她的爱。因爱成恨的喀耳刻把怨恨都归结到斯库拉身上，偷偷在斯库拉洗澡的水中投下魔药和毒蛇，使得她变成恐怖的 6 头 12 足妖兽的模样。

斯库拉守护在墨西拿海峡的一侧，这个海峡的另一侧有名为卡律布狄斯的漩涡。船只经过该海峡时只能选择经过卡律布狄斯漩涡或者是斯库拉的领地。它们每天在意大利和西西里岛之间的海峡中兴风作浪。

谁是古希腊罗马神话中的海神

海神是宙斯的兄弟，在希腊神话中叫波塞冬，在罗马神话中名叫尼普顿。海神住在大海深处一座镶满珊瑚、珍珠和彩贝的水晶宫里。他曾经和宙斯的儿子阿波罗联合起来反抗宙斯的专制统治，可是他们发动的洪水敌不过

宙斯的雷电，最后惨遭失败。波塞冬手中的武器是三叉神戟，经常驾着金鬃马拉的车在大海上巡行。波塞冬本领高超，能兴风作浪，劈山驱石。他还非常浪漫，曾追求过农业女神得墨忒耳，女神为躲开波塞冬，变成一匹母马混在放牧的马群中，波塞冬立即变成一匹美丽的公马与她交欢，并生下一匹神马。他的子女也个个本领超常。

航海者在妖怪和漩涡之间通过是异常危险的，它们时刻在等待着穿过西西里海峡的船舶。当船只经过时，斯库拉便要吃掉船上的6名船员。在《奥德赛》故事中，奥德修斯的船接近卡律布狄斯大漩涡时，它像火炉上的一锅沸水，波浪滔天，激起漫天雪白的水花。当潮退时，海水浑浊，涛声如雷，惊天动地。正当舵手小心地驾船从左绕过漩涡时，海怪斯库拉突然出现在他们面前，它一口叼住了6个船员。奥德修斯亲眼看见自己的同伴在妖怪的牙齿中间扭动着双手和双脚，挣扎了一会儿，他们便被嚼碎，成了血肉模糊的一团。其余的人侥幸通过了卡律布狄斯大漩涡和海怪斯库拉之间危险的隘口。

充满深海色彩的墨西哥湾

现实中的斯库拉是位于墨西拿海峡一侧的一块危险的巨岩，它的对面是著名的卡律布狄斯大漩涡，在英语的习惯用语中有“Between Scvlla and Charvbdis”的说法——前有斯库拉巨岩，后有卡律布狄斯漩涡，翻译过来就是“进退两难”的意思。

2. 大海上的妖异歌声——海妖塞壬

塞壬是希腊神话中人首鸟身的怪物，经常飞降在海中礁石或船舶之上，又被称为海妖。塞壬都拥有美丽的体态和姣好的面容，以及令人痴迷至疯狂的歌喉，它们常常在礁石上放声歌唱，用自己的歌喉吸引过往的水手，让他们在这美丽的声音中失去理性，将船驶向礁石触礁而沉没。

传说塞壬是河神埃克罗厄斯的女儿，是从他的血液中诞生的美丽妖精。因为对自己的歌声过于自负，塞壬与艺术之神缪斯比赛歌唱，结果落败，被缪斯拔去双翅，使之无法飞翔。失去翅膀后的塞壬只好在海岸线附近游弋，用自己的歌喉吸引过往的水手使他们遭遇灭顶之灾。

传说中，塞壬居住的小岛位于墨西哥海峡附近，在那里还同时居住着另外两位海妖斯基拉和卡吕布狄斯，因此这片海域的海水下堆满了受害者的白骨。

在希腊神话里，英雄奥德修斯率领船队经过墨西拿海峡的时候，女神喀耳斯向他发出了忠告。为了对付塞壬姐妹，奥德修斯采取了谨慎的防备措施。船只还没驶到能听到歌声的地方，奥德修斯就令人把他自己捆在桅杆上，并吩咐手下用蜡把他们的耳朵塞住。他还告诫他们通过海峡时不要理会他的命令和手势。

不久，奥德修斯听到了迷人的歌声。歌声如此令人神往，他拼尽全力挣扎着要解除束缚，并向随从叫喊着要他们驶向正在繁花茂盛的草地上唱歌的海妖姐妹，但没人理他。海员们驾驶船只一直向前，直到最后再也听不到歌声。这时他们才给奥德修斯松绑，取出他们自己耳朵中的蜡。

另外，太阳神阿波罗之子，善弹竖琴的俄耳甫斯也曾顺利通过塞壬居住的地方，因为他用自己的琴声压倒了塞壬的歌声。

寻哥礁

西沙一带流传着寻哥礁的传说。不知在什么朝代，海南岛的崖县有兄弟俩，老大叫亚忠，老二叫亚义，

长寿之王——海龟

兄弟俩靠打鱼谋生。每年春季渔汛一到，他们就驾着小帆船，跟随着乡亲们的船队，从海南岛的三亚港扬帆出海。这年春季，渔汛又到了，亚忠、亚义的渔船随着船队来到了西沙群岛海域。兄弟俩刚撒下第一网，就觉得网很重，他们费了很大劲才把渔网拉了起来。啊，原来网里有一只特大的海龟！这只海龟可真有年头了，它的背脊布满褐色的斑纹，斑块上长着绿色的青苔。兄弟俩很高兴，哥哥亚忠从船尾拿来鱼刀，准备把大海龟杀掉，晒成鱼干。谁知他刚刚举起鱼刀，大海龟就“哇哇”地哭起来了。其实，海龟“槌胸打背，见刀垂泪”，不足为奇。可是，这只海龟哭声恰似人哭，凄切悲凉令人心酸，好像很通人性。亚忠手软了，不忍心下手。兄弟俩仔细打量着这只大海龟。咦！海龟背脊的四个角带着四个小“铜牌”，用铜丝系着。他们用指甲抠开铜牌上的青苔，发现上面刻有文字。

好在弟弟亚义上过几年学，粗略识得几个字。细细读来，一个铜牌上刻着“唐贞元元年”，另一个刻着“唐鉴真”，但年号已经模糊了；还有一对分别刻着“宋高祖五年”和“明洪武三年”。兄弟便明白了：这些小铜牌是历代的好心人放生的标记。哥哥亚忠平素为人善良，和亚义商量说：“把大海龟放生吧！”弟弟从来都听哥哥的话，当然同意，兄弟俩便抬起大海龟，把它放回了

大海里。大海龟下海后，回过身来向亚忠、亚义点了点头，在渔船周围绕了三圈，然后才恋恋不舍地向大海远方游去。到了秋天的八月中旬，三亚的船队归航了。兄弟俩今年捕的鱼特别多，船儿装得满满的。启帆不久，便遇上了强大的台风。南海海面上天昏海暗，台风夹着暴雨，把南海搅得像锅底一样黑。一阵强大的旋转风卷来，打破了亚忠、亚义的船，兄弟俩被刮到海浪之中。他们紧紧搂住破碎了的船板，奋力挣扎。一个巨浪卷来，把老大亚忠卷走了。第二天，风停了。经过一天一夜的漂流，老二亚义抱着破船板被海潮冲到了甘泉岛的沙滩上。亚义不见了哥哥，呼喊着，痛哭着，声音喊哑了，眼泪流干了，但是怎么也找不着亚忠。这时，乡亲们的船也在甘泉岛靠了岸，他们帮助亚义修好了船，让他驾着小帆船在海上继续寻找。但是，海上依然没有亚忠的影子。在一个珍珠般洁白的无名礁上，亚义终于发现了一个小黑点。这个小黑点在动，离得越近，越像是一个人影。原来，那是哥哥亚忠。亚义大声呼唤着哥哥的名字，向礁石驶去。那黑点发现有小船驶来，也在大声呼唤着亚义的名字，小船靠岸了，兄弟俩拥抱在一起，热泪流在了一起。原来亚忠被台风巨浪卷走之后，已经不省人事，是一只大海龟把他驮上了这个珊瑚礁。亚忠苏醒以后，还是那只大海龟送来了鱼虾，还送来了岛上的各种鸟蛋。南海的烈日像一盆火，珊瑚岛被太阳晒得直冒烟。亚忠就把这些鱼虾和鸟蛋放在石头上面曝晒，很快就晒熟了。凹凸不平的珊瑚上积着雨水。亚忠就在这礁石堆上吃着鱼干、虾干、鸟蛋，喝着雨水，度过了这段日子。那只大海龟，就是亚忠、亚义兄弟放生过的。那个珊瑚岛，后来乡亲们给它起了个名字，叫“寻哥礁”。

你知道吗

关于南沙群岛来历的神话传说

传说远在盘古时代，南海是一片广袤的陆地，名字叫七洲。但水神共工和他的老婆风氏居心不良，兴风作浪，使七洲成了一片汪洋。还是鲧的儿子大禹降服了共工，治理了洪水，使天下太平。大禹之妻涂山氏是位仙女，见天下歌舞升平，唯有七洲仍沉没水底，顿生恻隐之心。她站在南海上空，把脖子上的两串明珠取下，把一串明珠撒得远一些，变成了南沙群岛。后来，渔民们就把这些岛礁称为“七洲洋”。

鱼与对虾的奇闻轶事

1. 鱼原来有腿

最初的鱼和一般动物一样，是有四条腿的。可是后来这腿就没有了，这是怎么一回事？

盘古时期，天和地距离很近，伸手就能摸着。由于天太低，人和动物都憋得很难受。

女娲下凡巡视，看到天和地这个样子，很难受，决心把天支得高高的。可是想了很久也没想出个好主意来。一天，她看到一群野兽又跑又跳，四只腿支撑着它们肥大的身体，便灵机一动，用四根柱子把天支起来该多好啊！但这柱子必须是四条腿的野兽献出来，化作天柱，才能把天顶高。可是，谁肯把自己的腿献出来呢？

她找豺、狼、党、豹商量，它们却连连摇头，说：“不行，不行，我们一共才四条腿，砍去了，怎么走路？你还是向别人去要吧！”

碰到牛、马、熊、鱼，女娲说：“天和地连在一起，你们不觉得憋得慌吗？”回答：“难受死了！”女娲说：“我有办法把你们的四条腿化作四根擎天柱，把天顶高，那样，大家就能快快活活地过日子啦，你们谁愿意发扬风格？”

牛、马、熊都连连摇头。并急忙走开了。

鱼没有走，用四条腿站在那里。

女娲问：“你愿把腿献出来么？”

鱼回答；“反正要有人把腿献出来，才能把天顶高，那就砍我的吧！”

“砍去了腿，不能走路，你不后悔吗？”

“天高地阔了，大家都能快活地生活，我后悔什么呢？”

鱼献出了腿，血流如注。疼痛难忍。女娲赶紧掏出一条手帕，把伤口包扎起来，打了个结。

海洋“变色龙”——蹩鱼

蹩鱼的一个绝招是变色。它可以变出一切想象中的色彩，使自己身体适应背景物体和其相似。它游到橙色海绵附近时，皮肤呈橙色；而游到黑色海绵附近时，马上又变黑色；游到红珊瑚附近时，又会变成红色。在蹩鱼的皮肤上，还有许多褐色小斑点和红色斑块，伪装起来、变色起来既快又逼真。它掌握了这种拟态技巧，当然不是供人欣赏的，而是为了捕捉食物的方便。

女娲把鱼腿分别放在东、南、西、

北四个角，吹了口气，这四条腿就生根了，长高了，很快变成四根又粗又大的天柱，把天支得牢牢的。

鱼看到自己的腿撑住了天，无比高兴。女娲说：“多谢你献了腿。从今以后，我把你放到大海里去，你就在那里过日子吧！”

鱼滚进大海，手帕打成的结变成了鳍，靠着尾巴和鳍的划动，畅游在广阔的大海里。它的腿没有了，已变成四根天柱，献给了光明的世界。

2. 对虾成“对”么

我们平常吃的对虾，在海里游弋、生长，并不一定成对成双。但为什么称之为“对虾”呢？这里面有一段有趣的故事。

民间传说，有一次老龙王过寿，龙王的女儿三公主要给父亲送寿礼，就派两名虾丫环送去两盘寿桃。哪知这位丫环初到龙官，便被那些五彩缤纷的奇花异草吸引住了，把送寿桃的事忘得一干二净，玩了三天也没回去见龙女复命。

老龙王责怪女儿不送寿礼，三公主觉得事情不对，两个虾丫环已在三天前就送去了呀。一番审问之后，终于弄清了原委，气得火冒三丈，如实禀告了父王。老龙王听了，就把龟丞相找来说：“三公主的两名虾丫环骗取寿桃，至今不见踪影，快去把她俩找来治罪！”龟丞相领命，急带人在宫内寻找，发现那两名丫环正在花园里玩得开心呢！就立即抓住带到了水晶宫。

哪知两个虾丫环立而不跪，眼睛傲慢地直瞪着上空。龙王大怒。龟丞相急忙奏道：“龙王息怒，虾子只能圈只会站，不会跪，眼睛长在脑顶上，只会向前走，不会向后退。像这种人不配给公主当丫环，只配给龙王作虾兵！”龙王一听，马上说：“那就给这一对虾每人发一支长枪，让她们当兵去吧！”从此，这两个使女改名叫“对虾”，鼻梁上插一支锋利无比的长枪，行军打仗，相互配合，倒也干得不错。但毕竟改行了，远不如跟着三公主舒服。但有什么办法呢，谁叫她们贪玩呢？

后来，人们把这种出门不归的现象编成童谣：对对虾，对对虾，出了门，忘了家。

“水下魔鬼”怪事多

在热带和亚热带海域，经常可以看到一些像飞机似的怪物，一下子跃出水面，以优美的姿势在水面上“展翅飞翔”。这些就是蝠鲼，它们像扇动翅膀一样慢慢振动自己

海洋魔鬼鱼——蝠鲼

特有的大鳍，时而在海面下悠闲地戏水,时而在空中翻筋斗,煞是好看。

据说，蝠鲼飞起来有 2 米高，堪称海洋动物里的飞行家。而当地的渔民却习惯地叫它“水下魔鬼”，这是怎么回事呢?

见过蝠鲼的人，都会觉得这家伙太丑了。没错,它的长相的确丑陋，身体扁平，头又宽又大，两侧长着一对叫头鳍的肉足，头鳍翻着向前突出，可以自由转动。蝠鲼就是用这一对头鳍驱赶猎物，并把食物拨入口内吞食的。而它的嘴就长在两个肉足之间，而且嘴不是圆的，是方的。蝠鲼不仅丑陋，而且身型也很大,一般长达数米,体重达数千克，最大可达 6 米以上。

说来有趣，蝠鲼很喜欢搞些恶作剧。有时，它故意潜游到在海中航行的小船底部，用体翼敲打着船底，发出“呼呼，啪啪”的响声，使船上的人惊恐不安。有时，它又会跑到停泊在海中的小船旁，把肉角挂在小船的锚链上，把小铁锚拔起来，使人不知所措。过去渔民们不知道是蝠鲼在捣乱，还以为是魔鬼在作祟，所以就称蝠鲼“水下魔鬼”!

蝠鲼这个名字虽不好听，并且还是鲨鱼的近亲，但它并不凶猛，性情很温和。它缓慢地扇着大鳍，在海中悠闲地游动，并用前鳍和肉角把浮游生物和其他微小的生物，

神秘的魔鬼

蝠鲼是魟鱼的一种，对于它在海洋世界中的活动，人们了解的并不多。由于体型巨大、行踪神秘，蝠鲼又被人们称作“魔鬼鱼”。2006 年,澳大利亚著名的“鳄鱼猎人”就是在水下意外遭到一条蝠鲼的攻击而不幸丧生的，这一事件也给这种生物蒙上了一层神秘色彩。后来，日本一家水族馆记录下了一条人工饲养蝠鲼的产子过程，这在全球范围内是第一次，也为人们研究它的生长过程和习性提供了宝贵的资料。

拨进自己宽大的嘴里。

据说，有一名水下摄影师在水下工作时，遇到一条体翼宽达 2.3 米的大蝠鲼。当摄影师跃到它的背上，它不但没有反抗，反而让摄影师骑在它的背上，做了一次长时间的遨游。不过，它的个头和力气常使潜水员害怕。因为它一旦发起怒来，只需用它那强有力的双鳍一拍，就会碰断人的骨头，置人于死地！所以，它又有“魔鬼鱼”的外号。

对于蝠鲼们精彩绝伦的飞行表演，有的科学家却不以为然。他们认为，这些家伙飞起来虽像一架两栖飞机，可它们平常并不愿意在空中滑翔。因为，在空中飞翔时，空气的阻力要比水的阻力小得多，如果鳍稍一弯曲就会让它们翻跟头。让人惊奇的是，蝠鲼还会大搞“圈地运动”。这可不是在抢地盘，而是为了填饱肚子。在水下，它们在一个地方围成一个个圈圈，将小鱼或者小型浮游生物等猎物赶到一块儿，然后再慢慢地享受美味。

其实，蝠鲼是原始鱼类的代表，在海洋中已经生活了 1 亿多年。它们身上蕴含了很多谜团，这些丑陋的家伙为什么会一大群聚在一个地方，一待就是几天？它们飞出水面仅仅是为了好玩吗？它们是在驱赶身上的寄生虫，还是在练习捕食？或许只是嬉戏而已。时至今日，人们仍无法深入了解它们。

犼龙相斗

东海里有一种怪物，名字叫“犼（hǒu）”。犼到底是什么样子，谁也说不清。有人说像狗，有人说像马，有人说像狮子，有人说像麒麟。

这种东西异常凶猛。它的嘴里会喷火，火苗一蹿上百米。在云雾里，它翻腾穿行，急如闪电。

犼能够吃龙的脑子，这两种动物是势不两立的死对头。它们常常在天空中打架，场面惊心动魄。

明代末年，有人在杭州湾的海宁县见过一场犼龙相斗。那一天，空中飘来两团乌云，前一团带来一阵冰雹，后一团夹带着闪电。只见后面那团黑云紧紧地追赶前边那团，不一会就压在了它的上面。这时候，雷鸣电闪，大雨倾盆，黑云翻滚不停，里面似乎有两头猛兽撕咬在一起。

没多久，云散雨止，一切归于平静。到了第二天，有人发现附近的山里掉下来一条黄龙，有 50 米长，已经死了——大伙儿纷纷传说：它是被犼咬死的。

清代康熙二十五年（1686 年）的夏天，山西平阳县也发生了这种

事。这回，一头犼追着几条龙从海上来到平阳上空。人们看见有三条不带角的龙——蛟和两条带角的公龙围着犼斗。天空中雷电交加，整整打了三天三夜。结果，犼杀死了一条龙、两条蛟，自己也被咬死了。

这些东西一齐掉到了山谷里。有人赶去观看，除了死去的蛟龙以外，还发现一头怪物的尸体。它有5米长，样子像马，脖子上的鬃毛长长的，又有点像麒麟。鬃毛里，冒着几米高的火焰。人们说：这怪物就是犼。

又过了几年，在康熙三十二年（1693年）的阴历六月间，浙江杭州东北方向的皋亭山里发生了一场暴风骤雨。

天空中乌云滚滚，压得很低。在黑云里，隐约可见一头犼和一条龙。那只犼像是狮子的模样，嘴里喷着火；那条龙像是画上见到的模样，嘴里吐着冰雹。两个家伙从皋亭山一直打到钱塘江口，在海里消失了。一路所过之处，地面上的树木被烧毁，庄稼全都被砸坏了。

看起来，犼与龙斗有时候赢，有时候平，有时候两败俱伤。每当犼龙相斗，总伴随着电闪雷鸣。要说电闪雷鸣倒也不稀罕，谁都见过，至于黑云里有什么，那就各有各的说法了。有的人说：云里边不是犼，是雷公。

唐朝开元末年，广东的雷州半岛上空也有过类似的惊心动魄的场面。那一回，人们看见南海出现了一条大鲸鱼。天空中乌云滚滚，几十个带翅膀的“雷公”在云层中穿来穿去，他们的身边伴随着“隆隆”的巨响和闪闪的火光。

雷鸣电闪持续了七天，人们纷纷传说这是雷公和鲸鱼相斗。雷电过后，海边的居民看见南海上红红的一片，像是血染过似的。到底雷公和鲸鱼谁胜谁败，一点也猜不出来。

丰富多彩的海龙王祭祀

《淮南子》曰：“云从龙，故致雨也”，意思是说云总是和龙在一起，龙能带来雨水。因而，每逢风雨失调，或者出海打鱼前，渔民都会虔诚地祭拜龙王。而那些流传于中国民间的诸如庆祝龙王寿诞、修建龙王庙、生产祭祀大典等一系列活动，就成为世代相传的民俗文化瑰宝。

1. 广建龙王庙

几千年来，神话中说海神龙王主宰着海水河水，人们为了定时朝

拜它，便修建了一座又一座龙王庙，如烟台龙王庙、大连龙王庙、盐城龙王庙等。威海居民十分崇拜龙王，几乎每个沿海的港湾孤岛都修有龙王庙。舟山附近的一些渔村有许多龙王宫和龙王堂，如杨村乡应家棚龙王堂有个香岩老龙王庙，杨村龙王殿有个小金龙王庙，石盆村有个独角龙王庙，桐照乡泊所村龙王殿有个十爪金龙王庙，吴家埠有个马林龙王庙，桐照村还有白龙大王庙和洞盆浦龙王庙等等。

东海一带的龙王庙由经过加工的料石堆砌而成，整个龙宫的设计独特精巧、气势宏大。龙宫在正殿，龙母殿在后，左右两侧为龙女殿和龙太子殿。正殿中央有块蓝底金字的匾额，象征帝王风范。传统习俗中，龙忌金属，所以龙宫大殿里不能安放铁钉之类的金属制品。龙王的造像也有一定标准和陈列位置，任何人都不能违反惯例，否则就是对龙王不敬。

2. 庆贺龙王寿诞

“各岛各龙王，各庙各诞辰”，各个地方龙王寿诞的日子并不相同，如浙江舟山定海地区的龙王寿诞是农历六月初一。庆祝龙王寿诞的前后三天，定海一带的人们挂起龙王旗、船灯、龙灯、鱼灯。到了夜晚，沙滩上一片灯火通明，异常美观。最重要的莫属龙王寿诞的祭典了，祭典中所用的烛、香必须是上乘的，祭品所用的全猪、全羊、全鸡要插香挂葱，再请手艺高超的工匠用面粉彩塑出鹅、鸭、海鸥等，一起供奉在龙王寿宴前。祭典开始时，德高望重的老人会手持清香带领大家入宫。当领队者宣布祭典开始时，殿外锣鼓震天，龙灯起舞，气势壮观；殿内，人们拜龙王、读祭文，庄严肃穆。祭典结束后，有时人们还会举行隆重的龙王戏和龙王庙会。在渤海湾的大连、旅顺一带，沿海居民在每年农历六月十三庆祝海龙王诞辰。这一天，渔民换上新衣欢聚在海滩，在锣鼓唢呐声中载歌载舞。壮汉们将扎着红绿彩带的全猪、

龙王庙

全羊抬到海边，再摆些水果、鸡蛋作为龙王爷诞辰祭品。年轻人在供品前下跪叩首,举行烧香焚纸仪式。渔民们登船出海，在海面上燃放鞭炮，敲锣打鼓。临近中午，渔民们以家庭为单位在船舱甲板摆上宴席。大家尽兴地喝酒吃肉，谈笑风生，同享龙王诞辰祭品。还有一些地区的祭祀典礼是在农历二月初二，如山东威海成山头景区每年此时举行盛大的龙王祭祀大典。当地民间一直流传“二月二，龙抬头”的俗语，所以成山头人对龙王的信仰甚为虔诚。他们的龙王祭祀大典分为祭海、民间表演两大板块，祭海大典设在成山头的好运角广场。祭祀大典结束后，还会有胶东渔家特色的民俗表演，这些表演都是渔民的本色演出，节目精彩纷呈，吸引眼球。

3. 生产中的龙王祭祀

以捕鱼为生的渔民最关心的便是生产收成以及出海安全，所以他们在出海捕鱼前和捕鱼回来后都会祭拜龙王。例如，在东南沿海岛屿，每逢新一轮鱼汛开始，人们便会在龙王庙里供奉鱼、肉等贡品，向龙王表示敬意，希望龙王多赐恩惠；当渔船即将出海时，大家敲锣打鼓把龙王神像或是供奉在庙里的龙王旗请到船上，借龙威保佑自己海上航行一帆风顺；龙王神像和龙王旗请到船上后，渔民在船头用丰盛礼品供祭，船长会燃起蜡烛，取少量的酒肉洒入大海，祈求龙王保佑渔船出海丰收，人船平安；出海捕鱼归来，无论丰收与否，安全抵达的渔民都要举办隆重的谢礼，感谢龙王一路保驾护航。渔民们为了祈求平安出海、满舱而归，把海龙王视为至高无上的海神，以一颗赤诚的心供、请、祭龙王，也让自己的信仰找到归宿。

碧波下的“牧鱼童”

在辽阔的草原上，雪白的羊群欢快奔跑，机灵的牧羊犬忠实地护卫着羊群，不时将“掉队”的绵羊领回队伍中。

在白雪皑皑的北国森林，几只骁勇的猎狗激烈地同黑熊厮斗，直到黑熊精疲力竭被猎人所获。

在茫茫大海中，也有人类的“牧鱼童”。

海豚善于充当海中“牧鱼童”的角色。海豚最喜欢吃鱼，又擅长游泳，因此，它经常围追堵截鱼群。海豚追鱼可有名堂了。

可爱的海豚

你知道吗

海豚属于哪类动物

海豚是体型较小的鲸类，共有近62种，分布于世界各大洋，主要以小鱼、乌贼、虾、蟹为食。海豚是一种本领超群、聪明伶俐的海洋哺乳动物。

夏天来临，这是海豚追捕凤鲚鱼的好时机。夜间，海豚不取食，清晨，当太阳从海里跳出来时，它们便开始追鱼了。它们分成一个个小组，在海中漫游，一旦发现鱼群，如果各群海豚相距较远，最前面的那群海豚就连续跃出水面，在空中做“前滚翻”，召唤后续海豚群从四面八方前来围截鱼群。将鱼群围住后，海豚们发出“吱吱”叫声，鱼群一听到这种声音，吓得聚集在一起，不敢轻举妄动。海豚还会把鱼群赶到它们想去的地方。苏联黑海地区的渔民不止一次看到，海豚排着队，把鱼群追过巴拉克瓦湾很窄的入口，赶到海湾里去。在这种情况下，渔船只要跟着海豚走，就能捕到鱼。

在很久以前，非洲提米里斯湾沿岸的居民，发现海豚追鱼这一奇妙现象后，就利用海豚帮助他们捕鱼。当渔民从渔船桅杆顶的瞭望台发现鱼群时，他们就使劲哗哗地拍

打水面，为的是把海豚吸引来。爱嬉戏的海豚闻声赶来后，把鱼群赶进了张开的渔网中。

法国著名生物声学家布斯耐尔教授有一个有趣的发现，即用木棒击水可以引来海豚，因为木棒击水声音很像海豚最喜欢吃的一种鱼发出的声音。人们将网支在岸边的浅水中，然后用木棒“啪、啪”击水，海豚闻声驱赶鱼群而来。成千上万的鱼儿惊恐逃命，纷纷涌到岸边，自投渔网。

在茫茫大海上，要想准确地发现鱼群，不是件容易的事。这时，人们可以让海豚当“向导”。美国加利福尼亚州和墨西哥的渔民在大洋捕捞金枪鱼时，先要寻找海豚。因为海豚常与金枪鱼为伴，有海豚当“向导”，就很容易找到金枪鱼。美国金枪鱼船队捕获的金枪鱼，90%靠海豚作“向导”。

鉴于海豚和鱼群的关系不一般，美国圣迭戈水下研究中心学者埃文斯建议，将一只海豚拴上无线电发信机，然后在海洋上启动声呐跟踪它，这样就可以大大提高捕鱼效率。

日本试图在海湾建立“水下牧场”，引进有价值的鱼种。为了防止“牧场”里的鱼逃遁，他们就产生了培养“水下牧童”的想法。东京大学海洋学研究所黑木教授拟订了对宽吻海豚的训练计划：在12年时间内，将训练海豚依照人的指令，去改变鱼群的游动方向。他们还训练海豚去驱赶有害鱼类，以保护“海洋牧场”里经济鱼类的卵和仔鱼不被吃掉。通过训练，海豚能够成为经济鱼类的守卫者。它们一条不吃“牧场”里放养的鱼，却“忠心耿耿”地帮助人们赶走侵犯“牧场”的有害鱼类。

科学家们发现，海豚能够发出鱼类可以听到的许多种特殊的低频信号，并善于通过信号与鲱鱼、鲭鱼、沙丁鱼等经济鱼类进行联系，并且能够利用许多种信号，长时间围住快速游动的鱼类，使它们聚集成群。

根据海豚的这些特点，苏联远东海洋生物研究所的科学家，通过相应的装置模仿海豚的各种信号，并从中挑选出一些能引起鱼类做出积极反应的信号，然后利用这些信号诱导和控制鱼类。

神奇的古代蛙人

青蛙是两栖类动物，它时而跳跃在碧绿的草地，时而歌唱在澄清的水中，人们把那些善于在水中潜游的人称为“蛙人”。

最古老的蛙人出现在公元前

现代潜水

885年亚述人的裸体浮雕上。亚述是亚洲西部的文明古国，这幅浮雕上的潜水员胸前绑着两个羊皮气囊，里面充满了空气，可以供潜水员潜入水底时呼吸。这表明亚述人的潜水能力，已经发展到了相当高的水平。

蛙人活动的最早记载出现在公元前5世纪。当时，波斯国王埃里克斯为了打捞一艘海洋沉船里的珍宝，雇用了希腊的著名蛙人斯凯里斯和他的女儿赛安。

他们事先讲好条件，珍宝打捞出水之后，按三七分成。

国王坐在打捞船上，亲自监督打捞工作。

斯凯里斯和他的女儿完成了打捞工作以后，波斯国王却翻脸不认账，拒绝付给斯凯里斯应得的份额。

斯凯里斯打了一个手势，他的女儿和他一起跳入水中，用利斧砍断了国王船只的锚绳，并且推波助澜，把国王的船只摇得七颠八倒，国王吓得冷汗直流，赶忙答应了斯凯里斯的要求。

斯凯里斯把分得的珍宝缠在身上，又同女儿一起潜入海中，他们在水中游了16千米，到达了一个名叫阿特米速姆的小岛，然后上岸回家。

那时候的潜水工具很简单，据说是一支可以衔在口里换气的芦秆。

克娄巴特拉女王是古代埃及托勒密王朝的最后一位君主。公元前51年，她奉父命同堂兄弟托勒密结婚，并共理朝政。不久姐弟失和，她被逐出亚历山大城，为了复辟和保持王位，她先后用美色迷惑罗马独裁者恺撒和执政官安东尼，串演了许许多多美艳绝伦的风流故事。

有一次，她同安东尼到海边钓鱼，安东尼为了在情人面前显示自己的才华，派出蛙人，悄悄地潜入海中，把又肥又大的活鱼一次又一次地挂在安东尼的鱼钩上。

“啊呀，安东尼，你真棒！”埃及女王装出一副天真的样子，对安东尼钦佩不已。其实，聪明的女王早已窥探出了安东尼的秘密。

“明天，我一定得请很多客人来看你钓鱼！”女王这样对他说。

第二天，安东尼的鱼钩刚刚放

下，女王派出的蛙人抢先一步，把一条生长在黑海里的咸水鱼，挂在他的鱼钩上。安东尼得意洋洋地拉起钓竿，却引起了一阵哄笑。但是，女王仍然装得那么天真：

“啊，我们的将军真棒，一钓竿甩到了千里之外的黑海啦！”

古代蛙人的主要职业是采集海绵和珍珠，在战争中，他们也曾大显身手。

公元前 5 世纪末，雅典人的战舰包围了斯巴达人驻军的一个小岛。斯巴达人纪律严明，勇敢强悍，雅典人不想同他们正面交锋，只想用封锁来困死他们。

这时候，斯巴达人的蛙人出动了，他们在夜幕的掩盖之下，悄悄地从雅典人的战舰底下穿过，潜游到邻近的小岛，带着武器、粮食又潜游回来。

一个多月过去了，岛上的斯巴达人稳如泰山，倒是雅典人自己的粮食快吃完了，只好悻悻地撤退。

古代采珠人

后来，雅典人知道了斯巴达人的秘密，也开始培养自己的蛙人。不久，他们又向锡拉开兹人开战，锡拉开兹人为了阻止雅典人的战舰靠岸，在西西里岛四周设置了许多水下障碍。

夜晚，雅典的蛙人悄悄地潜游过去，把水下障碍一一拆除，并且，用浮起的木片，指示出一条战舰出击的路标。雅典的蛙人刚走，锡拉开兹的蛙人就出动了，他们不仅重新设置了水下障碍，而且利用了雅典人的木片路标，以便把他们引入歧途。

第二天，雅典的战舰沿着浮起的路标急驰而来，结果都撞在海底木桩上。有的开膛破肚，有的动弹不得，锡拉开兹人全线出击，把雅典人打得落花流水，大败而归。古代蛙人用聪明和技艺，保卫了自己的祖国。

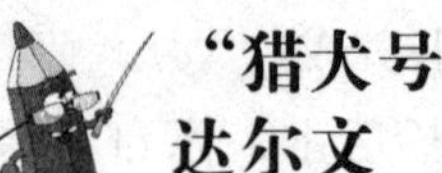

“猎犬号”上的达尔文

1809 年 2 月 3 日，查尔斯·罗伯特·达尔文出生在英国的一位医师的家庭里，他的祖父伊拉兹马斯·达尔文是一位诗人、医师、博物学家。母亲是著名的陶工的女儿，

在查尔斯 8 岁时，她就过早地离开了人间。他的父亲年轻时也是一位妙手回春的医师，业余爱好是养花种草，在他的影响下，全家成员都与花草结下了不解之缘。达尔文年轻时受家庭的熏陶，也喜欢在户外采集植物，观察动物，可是老师偏要他待在房子里读古诗。他最不喜欢这门功课，他讨厌上学，学习成绩每况愈下，有一次他父亲大声申斥道："你什么都不学，只会打狗抓鼠，你给自己和全家丢脸！"他被送往格拉斯哥学医，但他一见到血就怕。他父亲知道了他不愿意当医生以后，就想培养他成为一名牧师。为此，1828 年 ~ 1831 年他又到了剑桥大学学习，但这不过是浪费时间而已，他的兴趣仍为收集甲虫。那时，达尔文受植物学教授亨斯洛的影响，正以极大的兴趣阅读《韦伯尔特旅行记》、《赫谢尔物理入门》等书。1831 年，他从北部威尔斯的地质调查旅行回来，就接到亨斯洛教授的来信，告诉他"猎犬号"将进行探险航行，菲茨·罗伊船长可以无偿地向作为博物研究者的青年提供船室。达尔文便欣然参加了"志愿博物学家"的工作，这时，他刚好 21 岁。尽管遭到了父亲的强烈反对，但是他探索大自然的热情战胜了一切反对的意见，毅然地登上了猎犬号。

达尔文

猎犬号是一艘三桅纵帆的军舰，排水量 242 吨，是当时远洋航行的优秀船舶之一，1825 年，第一次远航就是对麦哲伦海峡进行了考察，第二次就是达尔文乘坐的这一次。这次航行对达尔文的一生起了最重要的作用。1831 年 12 月 27 日，猎犬号起航，达尔文告别了他的恋人表姐爱玛，登上了猎犬号舰。正像达尔文曾给菲茨·罗伊船长的信中写的那样："这是非常光荣的一天，是我第二个人生的开始。"

在菲茨·罗伊船长指挥下于 1832 年 ~ 1836 年间进行了一次环球科学考察。猎犬号上的探险者们，迎着 12 月末的暴风雪，艰难地开出了普利矛斯的德公港。

这次考察的主要工作是绘制南美洲，特别是其南部的海岸图。在

航行中，达尔文直接接触了自然科学的各个学科，使他第一次受到了真正的训练和教育；也正是通过这次航海，才使他的观察能力大有进步。所到之处，他大量地调查了地质与化石，与以前精读过的莱厄尔的《地质学原理》进行对照，从而了解到了这本书的重要价值。达尔文收集了各个分科的动物，记载了大量的海洋动物，并做了一些简单的解剖。同时他还认真地记日记，把所有的见闻都详细地记录下来，养成了把书本上的东西和实际见闻结合在一起的好习惯。唯恐旅行中资料丢失,他以给家乡通信的方式，不断将宝贵资料寄回英国。

改变世界的《物种起源》

在这五年的出海调查中，他以顽强的毅力，克服了极度晕船的困难，全身心投入工作。一次晕船使达尔文整整四天四夜不能进食，也无法安睡。在穿越南大西洋到达巴西的途中，他又一次经受着热病的折磨。此外，他还面临着可能遭受毒蛇猛兽袭击的危险，甚至还有可能被土著人杀害。有一次，他差点被印第安人捉住,不得不躲进山洞，直到天黑才逃脱。面对死亡的威胁，达尔文硬着头皮顶了过来。

正如他自己所说，“如果这次航行半途而废，那么将使我在坟墓中也不会安宁。”

在这次航海中，达尔文作为一名科学家，得到了锻炼和成长，真正尝到了观察和推理的喜悦。在航海过程中他经常要上岸采集标本，那些郁郁葱葱的山脉、靠近赤道的热带植物等，都给达尔文留下了极其深刻的印象。他漫游了雨水丰沛的巴西原始森林，穿越了乌拉圭和阿根廷之间的潘帕斯大草原，踏遍了帕塔戈尼亚的莽莽原野，攀登了南美海岸的悬崖峭壁，采集了各种珍贵的动植物标本，达尔文对捉到的每一种动物，从微小的昆虫，到吃人的美洲狮、虎，几乎都进行了解剖，详细研究和描述了它们的生

活习性。当猎犬号越过南回归线，到达秘鲁首都利马时，已是第二年的夏季了，经过短暂的休整，又向西北方向航行1200千米，到达了位于赤道线上的加拉帕戈斯群岛。

在南美洲厄瓜多尔以西1000千米的赤道太平洋上，耸立着一组群岛，由13个大岛和几百个小岛组成。这就是有名的加拉帕戈斯群岛，又叫科隆群岛。它以众多的火山而闻名于世：所有岛屿都是由火山熔岩堆积而成，形成时间不到200万年，大部分岛屿年龄都在100万年左右。整个群岛有大小火山口2000多个，大约每隔35千米就有一个。从海上望去，各岛都耸立着高大的火山锥，烟雾弥漫，夹杂着低沉的隆隆声，在闷热、无风的海面上，有着令人不可捉摸的神秘和恐惧。踏上岛后，到处都是黝黑的玄武岩，有的像扭曲的绳索，有的像一堆牛粪，有的像舌头从山坡伸入大海，乍看之下，使人觉得到了另外一个世界。

1698年一个法国航海船队在左安·德·博谢纳指挥下来到这里，尽管已经精疲力竭，急需休息，但是船员看到这些恐怖现象之后，纷纷要求立刻离开这恐怖的“自然博物馆”。

最令达尔文感兴趣的是，这里各个小岛的动植物形态各异。这些岛上的动植物虽然跟南美大陆上的都很相像，但是大多数属于不同的物种。他看出一个岛上的鸟，和另一个岛上同种鸟儿并不完全一样：它们的毛色、叫声、巢和卵等等，都有种种差异。在岛上，他至少采集了23种不同的鸟标本，都是新品种，没有一种是在大陆上发现过的。岛上的蝴蝶也和大陆上很相似，但是要小得多。

他又看到只有在加拉帕戈斯才有的两种巨龟，有的大到要八个人才抬得动。他又发现当地人一眼就可以看出哪只龟是从哪一个岛游来的。

达尔文在他的日记里这样写着：“这一切使我感到惊讶。”他认为，所有这些相似点与相异点，一定是有道理的。尽管岛上的物种的祖先是从大陆上来的，但受到这里特殊的地理环境和气候条件强烈影响。

加拉帕戈斯群岛
复杂的生物形态给达尔文很大启发

加拉帕戈斯群岛的生物

这些岛屿南北排列，而这里的海流又以东西方向为最强，群岛很少受风暴的袭击，没有媒介使各岛之间的植物种子、昆虫和鸟类互相交流。后来经过了长期的变化，两地的物种才逐渐地变得彼此不同了。

正是在这个奇妙的海岛上，诞生了达尔文进化论的最初萌芽，给他以后提出的“进化”思想奠定了极其坚实的基础。1842年，达尔文根据珊瑚礁的构造和分布，提出了关于珊瑚礁成因的学说。他认为，在火山岛升降和受到侵蚀的同时，在暖海形成以珊瑚礁为边缘的裙礁，然后变成堡礁，最后变成环礁。后来，根据盖约特的调查以及对环礁的钻探资料，他的学说得到了证实。在猎犬号沿着南美沿岸北上时，达尔文从发光的浮游生物体上观察出磷光现象。根据显微镜观察可以看出：由于种类不同，“磷光”也不同。

达尔文后来讲，从1836年回国至1839年结婚的两年零三个月期间，是他的一生中出成果最多的时期。后来，由于航海时健康受到的损害，1842年便离开伦敦到农村去生活。那清新的空气，恬静的田园风光，使他的健康得到恢复。在此期间，他整理、研究了堆积如山的资料，并把全部精力和时间都放在整理《物种起源》一书上。1858年，他44岁时，开始归纳总结，从事论文创作。

达尔文的划时代的不朽著作《物种起源：通过自然选择或生存斗争中适者保留》一书，于1859年出版。给当时神创世界学说投下了最致命的炸弹，造成了深远的社会及科学影响。这本书写得非常成功，初版在发行的当天售完，第二版也很快销售一空，以后又被翻译成多国文字。接着，达尔文的灵感如同火山一样爆发，笔耕不断，又相继出版了《动物和植物在家养下的变异》、《人类起源及性的选择》等创世杰作。虽然达尔文体弱多病，但由于生活安排得很有规律，加上爱妻精心照顾，一直活到73岁，1882年4月19日溘然长逝。达尔文的一生，是实践的一生、勤奋的一生，从而留下了光辉的业绩。他最重要的品质是酷爱自然科学。他以超人的毅

力，注意观察收集那些容易被人忽略的现象。他非常爱惜时间，相同的事情他决不重复做第二次，但却能愉快地接待友人们的来访，经常与他们进行交谈。他的真实冒险经历和优美谈吐,使访谈者如沐春风。他的朋友众多，托马斯·赫胥黎则经常是他的座上客。由于达尔文的理论所阐明的许多问题直接非难了各种宗教信仰，所以他的观点受到了很多人无端的挑战。然而，当时很有名望的科学家赫胥黎却明确地支持了他。因此，达尔文的思想得到广泛地传播和承认。现代的研究也支持和证实了达尔文的观点，即“生命以最原始的形式开始，并在生存斗争中获得发展和变异，新的形式和种类不断地在创生”。

当达尔文由于他的《物种起源》和《人的遗传》这两部大作而名扬四海时，他在地质学、植物学和动物学方面也同样声誉鹊起。他在《关于珊瑚礁，火山岛，地质学观测》这篇论文中提出的珊瑚礁形成的理论，直到今天对有关的研究仍具有重要的指导意义。达尔文还是首先研究海洋食物链中初级环节海洋浮游生物、微型植物和动物的科学家之一。他在蔓足类甲壳动物的专题论文中描述了寄生性海洋甲壳动物，其中包括对成熟期阶段贴附在船壳上的藤湖。达尔文的其他重要出版物还有《地质学和博物学研究杂志》和《“猎犬号”航行中的动物学》等。

海洋漂流瓶的故事

1. 富兰克林用漂流瓶测量海流

本杰明·富兰克林是一个美国人，早在独立战争以前，他在移民侨居地担任邮政总局副局长。1769年的一天，有一群在波士顿开商店的老板们提出抗议，原因是英国的邮船通过大西洋所用的时间要比美国商船多两个多星期。

在同一个大西洋中航行，为什么会有这样的事情呢？富兰克林答应商铺的老板们一定会将此解决的。

富兰克林是资本主义精神的完美代表

富兰克林找到了他的表兄摩西·福尔格,一位新英格兰的捕鲸船船长。摩西·福尔格说:

“美国的邮船是沿着墨西哥湾流顺水向东航行的，但在返回时都是避开远航道，不逆流行驶的。”当时，富兰克林怎么也搞不懂英国的船长为什么不乘墨西哥湾流顺水而下，这样既能缩短向东航行的时间又能在返航时避免逆流航行。

富兰克林请他的表兄摩西·福尔格把墨西哥湾流绘在大洋海图上。又过了几年之后，他把漂流瓶抛进了墨西哥湾流。富兰克林在瓶子里的纸上写着要求发现者告知发现该漂流瓶的时间和地点的信。富兰克林当时所用的这个方法现在的科学家们仍然沿用着。

什么是漂流瓶

漂流瓶是中世纪时人们穿越广阔大海进行交流的有限手段之一。

密封在漂流瓶中的纸条往往包含着重要的信息或者衷心的祝福。发现一个可能从未知领域而来的漂流瓶，对于古代水手而言或许是一种惊喜、神秘、偶然、期待……

富兰克林利用拾到漂流瓶的人所寄来的信，在仔细研究了墨西哥湾流的流程后绘制了一幅海流图，并将海流图的复印件寄给了普利茅斯的航海总局。虽然英国人不相信一位美国邮政局局长会比他们更熟悉海流，但是，富兰克林利用漂流瓶给墨西哥湾流绘制的海图，就是到了今天也是无须更改的。

2. 哥伦布与漂流瓶

1493 年 2 月 12 日，哥伦布在首航美洲的返程中，大西洋发生了巨大的风暴，他乘坐的“尼亚”号与“平塔”号失去了联系，帆船像一只玩具在风浪中翻转折腾，或久久地沉入浪谷，或奇迹般出现在峰尖，不断给船员们带来恐惧。

一向勇敢的哥伦布也有些胆战心惊，他不只担心自己的生死，更担心自己的发现被沉入大海。他拿出一张羊皮纸，忍受颠簸写下了已经发现的一切，并留言恳请，要是

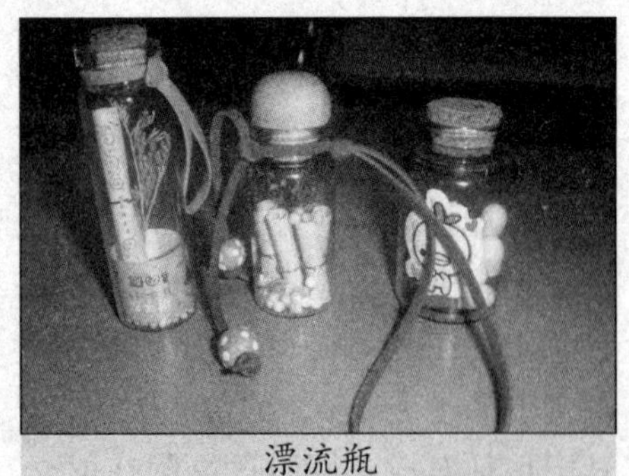
漂流瓶

谁捡到这张纸，就请呈送给西班牙王室。他把羊皮卷放进防水的蜡布，再装进一个坚固的小木桶里，然后郑重地投向大海，让它在大海中随波逐流。

令人惊奇的是，这只漂流木桶，一直在大海中漂流了 359 年，直到 1852 年才被一个美国船长在直布罗陀海峡发现。

第一个使用漂流瓶的人

漂流瓶对我们来说已经不是一种新鲜事物了。人们将自己美好的愿望或祝福写在纸上，然后装在一个密封的瓶子里，扔向大海，让它随着海浪随处漂流。这是人们表达自己愿望的一种方式。

漂流瓶的使用是从什么时候开始的，它又是怎样被流传下来的呢？第一个使用漂流瓶跟踪海流的是一个名叫狄奥弗拉斯塔的希腊人，他认为，地中海中的海流大部分来自大西洋。为了证实这种想法，他想出了用漂流瓶验证海流的想法。他请希腊船长把一个密封的玻璃瓶扔进直布罗陀海峡只有 13 千米宽的狭窄水岬，这里是通向地中海西部的入口处。投放到海中的漂流瓶通过海峡向东漂去，流过了地中海，证明了狄奥弗拉斯塔的观点是正确的。

2000 多年后的今天，漂流瓶的主要用途已不再是验证海流的流向了，而是有了进一步的延伸。如果有一天，在海边漫步的你无意间拾到一个漂流瓶，那种喜悦与兴奋的心情将是无法形容的。

马可·波罗带给西方的美梦

1. 马可·波罗的游记

马可·波罗是意大利的旅行家，出身于威尼斯商人家庭，其父亲和叔父是有地位的富商，一向在近东经商。1260 年他们迁往伏尔加河流域蒙古帝国西部的拔都汗国经商，后又向东方旅行，1265 年到达蒙古帝国夏都——上都（今中国内蒙古自治区多伦县西北），与大汗忽必烈建立了友谊，并被任命为大汗特使，访问罗马教皇。1269 年回到威尼斯，马可·波罗时年 15 岁。1271 年波罗兄弟第二次旅行东方，马可·波罗随同启程。1272 年上半年经土耳其东部，穿过伊朗北部，进入阿富汗国境，1 年后离开阿富汗。攀登帕米尔高原，进入今中国新疆维吾尔自治区的喀什，走上丝绸之路。1275 年再次抵达上都，向忽必烈大汗递交教皇的书信。在此后的 16 ~ 17 年中留在蒙古国，受到蒙古皇帝的尊敬和重用，经常派他出

巡。到过中国的大江南北、长城内外的许多名城。

1292 年，蒙古国公主阔阔真下嫁给波斯的伊儿汗为王后，波罗一家奉命护送。由 14 艘桅帆船组成的出嫁船队，从当时天下第一大港泉州港出发，沿着海上丝绸之路向目的地进发。经过 2 年 2 个月，船队终于到达波斯（今伊朗）呼罗州。马可·波罗完成护送使命之后，又继续西行，于 1295 年的冬天回到了阔别 25 年的故乡威尼斯。故乡亲友以为他们早已不在人世，马可·波罗成了当时的传奇人物。

马可波罗像

威尼斯有多少个岛组成

威尼斯是意大利东北部城市，亚得里亚海威尼斯湾西北岸重要港口。主建于离岸 4 千米的海边浅水滩上，平均水深 1.5 米。由铁路、公路、桥与陆地相连。由 118 个小岛组成，并以 177 条水道、401 座桥梁连成一体，以舟相通，有“水上都市”、“百岛城”、“桥城”之称。

1298 年，威尼斯与热那亚发生战争，马可·波罗出资造了 1 艘战舰，并亲自担任舰长参加战斗。威尼斯舰队大败，马可·波罗被俘，关押到阴森的监狱。在狱中他对东方 20 多年的神奇生活很留恋，当时的另一囚犯作家鲁斯蒂恰诺根据他的口述，写成了《马可·波罗游记》，没想到这部书成了世界一大奇书，对沟通东西方文化和以后新航线的开辟均有巨大影响。也是 13 ~ 14 世纪的欧洲人认识东方世界最有价值的书，它整整影响了几代欧洲人对神秘东方的了解。欧洲的探险家枕边几乎都放着这部书。

《马可·波罗游记》对欧洲人的最大诱惑力便是书中将东方描绘成黄金遍地、珠宝成堆的神奇世界。这就刺激了几代航海探险家要探索通向东方世界的航线，这也成了他们寻找黄金遍地、珠宝成堆的神奇世界的强大动力。哥伦布是受

这本书诱惑的第一位探险家。

因此，后来史学家在研究航海历史时，发现许多探险家都受《马可·波罗游记》的影响，尽管这部书在地理知识方面有许多错误，但它给了航海家们一种诱惑力，神秘东方成了欧洲探险家们争先恐后要见到的圣地。而神话般的东方世界，是马可·波罗描绘出来的，因此，他也成了刺激航海事业发展的有功之臣。

2. 是否来华观点各异

《马可·波罗游记》中最大的疑点是“襄阳献炮说”和“扬州总管说”。

《马可·波罗游记》对于探险家的重要堪比《圣经》

马可·波罗在《游记》中写道：蒙古大军攻打军事重镇襄阳城，遭到强烈抵抗，因而久攻不下。马可·波罗便献计说：有一种武器，威力非凡，装置好后，便可向城上守军发射大石。蒙古军采用了他的建议，制造了这种“抛石机”，结果一举拿下了襄阳城。

这件事在中国的《元史》和波斯的《史集》中都有记载，但提议使用这种新式武器的不是马可，而是一位从波斯来的穆斯林亦思马因。

我们到底该相信《元史》和《史集》呢，还是该相信《马可·波罗游记》呢？答案肯定是前者。

又据历史记载，攻襄阳城的时间是1273年，而马可·波罗到达中国的时间是1275年，他怎么可能提前两年向元朝献炮呢？游记的记载显然失实。

马可·波罗在游记中还说，他曾接受大汗的任命，官位是总管，治理扬州3年，此事也不足为信。著名的《马可·波罗游记》注释家亨利·玉耳也说：“扬州居帝国中心，地位重要，而且纯为汉人城市，马可·波罗治此城3年，而不懂汉语，简直是不可能的。”而且，“其时马可·波罗不过23岁，到中国才两年，绝不可能出任这样高位的行政长官”。

再说，扬州为十二省城之一，是元朝的大都会，总管是级别很高的行政长官，任职3年，时间不可谓短，可是，在浩如烟海的元代史料及扬州方志中，却找不到一条有关马可·波罗的记载，这也是不可想象的事情。

元世祖二年规定：“以蒙古人任各路达鲁花赤（最高长官），汉人充总管，回回人充同知，永为定制。”这个规定已经非常清楚，扬州总管的重任不可能落在马可·波罗这样一个外来洋人肩上。

除了上述两点之外，人们还怀疑：

（1）马可·波罗在中国17年，大部分时间生活在大都，他却把中国北方丰富多彩的景象，描写成白茫茫的一片，而且对蒙古皇帝的家谱也不甚了解，说得极不准确。

如梦如幻的扬州

（2）中国极具特色的茶叶和汉字，雄伟壮丽的长城，还有四大发明之一的印刷术，当时欧洲人并不了解，作为一本搜奇志异的旅游书，对此却只字不提，也实在叫人费解。

（3）对中国许多地名，马可·波罗都使用了波斯叫法。

因此，许多人认为，马可·波罗并没有到过中国，仅仅只到过中亚的伊斯兰国家，同许多曾到过中国的波斯商人和土耳其商人有过接触，或是看过波斯人的《导游手册》，等等。就凭借着这些道听途说的资料，他拼凑成了哗众取宠的《马可·波罗游记》。

可是，主张马可来过中国的学者也证据确凿。他们认为：

（1）对于中国的某些城市和建筑，马可·波罗有相当准确而细致的描绘。如元大都的兴建和建筑格局，卢沟桥的建筑工艺，杭州的城市管理和民风民俗，等等，如果不是亲见亲历，是绝不可能凭借道听途说写就的。

（2）《马可·波罗游记》中记载了至元十九年三月发生的刺杀奸臣阿合马事件，如果他当时不是身在京城，他的描写就不可能如此翔实和逼真，而且和史实基本相符。

（3）虽说在史料中找不到马

《马可·波罗游记》中的插图

可·波罗来华的直接证据，但《永乐大典·站赤》条中，记载了至元二十七年八月尚书阿难答等人上书云：“今年三月奉旨，兀鲁艄、阿必失呵、火者，取道马八儿往阿鲁浑大王位下，同行一百六十人……”

此事在《元史》和波斯《史集》中也有记载。

原来，阿鲁浑王的王妃是蒙古皇族公主，去世时留下遗言，要大王仍娶蒙古皇族女子续弦。兀鲁艄、阿必失呵、火者三人，是阿鲁浑大王派来迎娶阔阔真公主的专使，马可·波罗等人在中国所办的最后一件大事就是护送公主赴波斯完婚，正因为如此，他们才得以顺道回国。

马可·波罗在他的《游记》中也准确无误地记载道：“阿鲁浑大王为了履行王后的庄严遗言，特派三位精细谨慎的男爵，曰兀剌台（Ulatai）、曰阿卜思呵（Apusca）、曰火者（Goza），携带侍从甚盛，往大汗所，请赐故妃卜鲁汗之族女为阿鲁浑妃。”

马可·波罗叙述的婚嫁细节和三位使臣的名字，同中国、蒙古、波斯等史书记载的完全一致。这完全可以作为马可·波罗当时确在现场的铁证。可不可能是马可·波罗从《元史》等书中转录出来的呢？不可能。因为当时的他不可能看到这两种由后人编写、结集的史书。

以上两种主张各执己见，都持之有据，轻易否定任何一方都是不可能的，于是就有了第三种说法：

马可·波罗到了中国，但是只到过北方，而没有到过南方；他关于大都的描述准确而具体，而对于南方城市的描写非但没有细节，而且流于公式化。他在中国的17年，并没有像他说的那样地位很高，而只是一个向忽必烈提供欧洲故事的小人物，当然，他有可能从各种商人、旅行家、使臣口中听到各种小道消息。

但他确实参与了护送阔阔真公主赴波斯完婚，并因此而借道回国。

如果这种假说成立，那么，马可·波罗不远万里，历尽艰辛，毕竟到达了中国；而且是他，第一次向西方系统地介绍了东方，这是功不可没的。地理大发现的最大动力，就是寻找马可·波罗描绘的富裕的东方世界。

他完全可以称得上是西方世界探索东方的先行者，是世界上最伟大的旅行家和探险家之一。

库克船长的贡献

库克船长探险的任务是护送科学家到塔希提岛观察金星凌日的情况，但实际上他们心里明白，这只不过是为航行找一个借口。这次航行的真正目的和具体目标是要发现南方大陆，然后把这块新大陆归并不列颠帝国。看到这里，人们不禁要问，既然是探险航行，那么对英国有什么贡献呢？

可爱的小袋鼠

原来，库克船长指挥着400吨的“努力”号穿越大西洋，将科学家们送到太平洋的塔希提岛后，在1769年10月来到了一片没有名称的陆地。库克船长绕着这块陆地的沿岸航行了一周之后，发现这块陆地很大，是由两个紧挨在一起的岛屿组成的。这就是地球上有人类居住以来最后一块未知的大陆（现在的大洋洲）。库克船长和他的助手用了6个月的时间绘制了该岛的海图，并将南北岛之间的那条海峡命名为库克海峡。

在对陆地进行测量的时候，库克船长看到一种怪兽，形状和颜色都和老鼠一样，只是要比老鼠大一点。奇怪的是，这种怪兽的腹部都有一只袋子，里面竟然装着一只小的怪兽。这个动物引起了库克船长的好奇，它到底是什么？实际上就是袋鼠。可库克船长那时去问当地人“坎格鲁”是什么意思？回答是“不懂”的意思，库克船长以为这种怪兽就叫“坎格鲁”，并把它作为袋鼠的学名带回了英国。现在，当大家从英文字典查出袋鼠这个单词“kangaroo”，就是“坎格鲁”的发音。这也算是库克船长对英文所做的一点儿贡献吧！

库克船长发现袋鼠的这个地方，就是2000年奥运会的所在地——澳

大利亚的悉尼。

汤普逊与中美洲号

“中美洲”号是美国的一艘新式豪华汽船，它自1853年建成首航以来，曾成功运载价值约5000万美元的加州黄金由巴拿马至纽约市。当时，“中美洲”号的主要用途是运送加州淘金热乘客西去东归。但是，谁也没有想到，就是这样一艘载满黄金的商船却在1857年的一次航行中沉入了大海。

1857年9月8日上午，“中美洲”号从哈瓦那港口起锚，开往目的地。据公开报道，船上载有30吨金条和金币，但实际所载黄金却远远超过这个数目。船上载有将近500名乘客，其中大多数人是从加州归来的采矿者，他们的箱子、手提包和衣服的口袋中都装满了金沙、金块和金币；此外，“中美洲”号还载有美国军部托运的从巴拿马装箱的十多吨黄金。

“中美洲”号在第一天的航行中就遇到了狂风暴雨。船艰难地航行着，到了第二天，一整天的风暴不断增强，天黑后又开始下雨了。船在波涛翻滚的怒海中颠簸摇晃，到了下午，船身与海面形成了危险的角度。船长命令砍断前桅，但此举没起到任何作用。处在绝境中的船长只好命令船上的所有人准备离船。就这样，“中美洲”号载着一船的黄金沉入了数百米的海底。

到了20世纪，“中美洲”号已成为沉船藏宝轶事的传奇，100多年以来，数十批对海底宝藏着迷的探险家们纷纷潜入海底寻找，但大多数都空手而归。

1988年9月，明亮的台灯下，一个名叫托米·汤普森的美国青年，正在废寝忘食地读着一本名叫《沉睡深海的金船》的纪实探险小说。小说的作者叫金达，他在书中详细地描写了过去许多满载金银财宝的商船沉没海底的海面和地理背景，这无意中激发了汤普森的探宝欲望和梦想。这部书汤普森已经潜心研究了10年，书中的许多地方都标记了只有他自己才能看得懂的记号。汤普森看得非常仔细，哪怕是书中的细微情节，他都用心揣摩，反复推敲，甚至睡梦中都在品味书中字里行间所隐含的寓意，真可以说是到了走火入魔的地步。然而，和那些只会死读书本的书呆子不同，汤普森总是能把书本上的知识和生活实践结合起来。你想，那些沉在成百上千米深海底下的沉船财宝，绝不可能让人轻易得手，深海觅宝又必须有一身过硬的本领才行。于是，汤普森渐渐地悟出了一个道理，那就是要使自己的深海觅宝梦想成真，必须掌握最先进的科学技术。从此以后，汤普森花了10年的时间，自学了许多与深海探险、觅宝和打捞相关的科学技术和工程方面的知识，以执着的“欲求深海探宝，必须科海炼身”的信念，以百折不挠的不屈意志去克服种种难关。功夫不负有心人，1989年，汤普森经过对1857年前后的新闻记事和对陈旧的原始航海日志的研究，终于在美国北卡罗来纳州的海面上找到了已沉海一个多世纪的“中美洲”号巨轮残骸，并用自制的机器人成功地从2000米深的海底沉船中打捞出总重达21吨的金币。汤普森一夜之间成为全美国家喻户晓的传奇式人物。然而，最令汤普森心驰神往的并不仅仅是沉船上的金币，而是那些深

海底沉宝

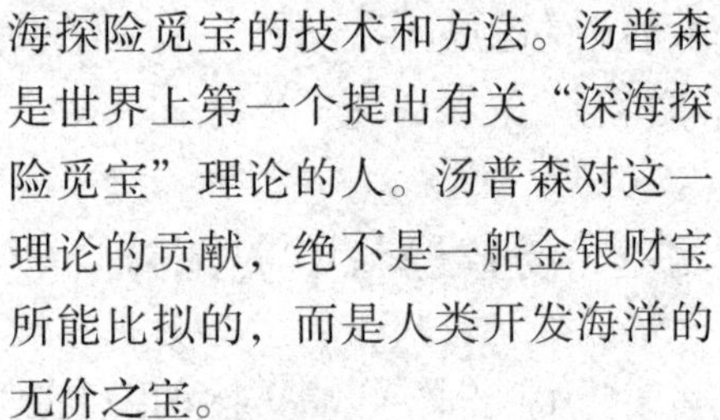

海探险觅宝的技术和方法。汤普森是世界上第一个提出有关“深海探险觅宝”理论的人。汤普森对这一理论的贡献，绝不是一船金银财宝所能比拟的，而是人类开发海洋的无价之宝。

你知道吗

北卡罗来纳州

北卡罗来纳州(North Carolina — NC)是美国东南部大西洋沿岸的一个州。最初的13州之一。北接弗吉尼亚州，东濒大西洋，南接南卡罗来纳州和佐治亚州，西邻田纳西州。面积136560平方千米，在50州内列第28位。人口8，856，505（2006年）。农村人口占50%以上，为美国农村人口最多的州之一。首府罗利，最大的城市为夏洛特。

华人“鲁宾孙”

说起《鲁宾孙漂流记》，大家一定不会感到陌生，但如果问大家被称为“华人鲁宾孙”的人是谁，你能说出他的名字来吗?

1942年11月23日，一艘行驶在大西洋的英国货轮在巴西东海南部被意大利的一艘潜艇击沉了，船

上的30多名华人水手和十几个英国水手纷纷跳海逃命。在慌乱中，一个名叫潘谦的24岁中国青年爬上了一只用木头和油桶扎起来的救生筏，从此开始了他100多个日夜的海上漂流。

茫茫大海是无边无际的，潘谦坐在一个3米长、3米宽的小木筏上，既没有桨也没有橹，只好任小木筏随处漂流。幸运的是，小木筏上还有一点救生的食品和淡水，可以供他使用几天。但是20多天之后，潘谦开始感到事情的严重性，因为这么长时间以来，他没有看到过一艘船从这里经过，小木筏上的食物和淡水越来越少，该怎么办呢？

时间一天天过去了，潘谦吃光了船上所有的食物，由于环境所迫，他逐渐掌握了海上生存的本领，他将一张帆布倾斜地搭在木筏上，一来白天遮挡太阳，二来下雨的时候接点雨水饮用。他还利用铁钉和弹簧制作鱼钩，用麻绳做成鱼线用来钓鱼。就这样，潘谦在大西洋上漂流了四个多月，他一直靠坚强的求生信念支持着自己活下去。1943年4月6日，他在海上漂流了133天之后，终于被经过的一艘巴西渔船救了上来。

乌克兰男子复制荒岛求生

当潘谦在巴西登陆之后，他的体重比原来减轻了14千克，但他仍然能自己行走。在医院里，当医生得知潘谦吃了80多天生鱼肉时，特意为他检查了肠胃，结果在他的胃里没有发现虫子，只是肠胃功能有些轻微的紊乱。心理学家坚持说一个与世隔绝133天的人，他的精神一定会失常，但当他们为潘谦做完精神检查后，惊叫说“了不起的中国人！”

潘谦不屈不挠的意志和丰富的求生经验，让很多外国人竖起了大拇指，他在给美国海军士兵传授海难自救的本领时说：“在落难时，生存技术是重要的，但更重要的是要有一颗想活下去的心。”

不吃海鲜的潜水女王

天天与海打交道的人，很少有人是不吃海鲜的。可是，美国著名的海洋生物学家希尔维亚·厄尔，却被誉为不吃海鲜的潜水女王。她为什么会获得如此美誉呢？她是怎样走上潜水之路的呢？这可要从头说起了。

那还是在希尔维亚只有3岁的时候，有一次她和父母亲去海滨度假，她在海滩上一不小心被一个大海浪掀翻在地，她非但没有害怕和生气，反而从此深深地爱上了海洋，并一直保持对大海深处探寻秘密的好奇。随着年龄的增长和知识的增加，她渴望探寻大海秘密的欲望变得越来越强烈。

在希尔维亚·厄尔满16岁的时候，她第一次在佛罗里达的威基奇沃河用借来的铜制潜水头盔下潜，从此以后，她就一发不可收地迷上了水中那片迷人的世界，并开始在世界各地的海域进行潜水活动。墨西哥湾、印度洋、巴布亚新几内亚、加勒比海、巴哈马、夏威夷、加利福尼亚海湾、红海、加拉帕戈斯群岛及日本沿海的南开海槽和西太平洋上卡罗莱斯群岛的特鲁克淡湖，这些迷人的海底世界，都留下了希尔维亚·厄尔在海中下潜的矫健、优美的身姿。而且，她不吃海鲜的理由也非常明确，她认为追求金枪鱼和箭鱼等海鲜美味，就好像吃美洲狮头和白头海雕等濒危动物的肉一样残忍，对海洋最大的威胁是人类对海洋的无知及因此所造成的破坏。

她的名言“前进，继续下潜”成了深海探险者的座右铭。1979年，希尔维亚·厄尔身穿重达450千克的吉姆潜水服进行深海探险。这让男人自叹不如，而她却是穿吉姆潜水服进行深海科学研究的第一人，而且是第一个单独下潜到380米深海底而不用一根缆绳的人。在此之前，人们穿这种潜水服都是靠一根又粗又长的缆绳才能下沉或浮出海面的。

1984年，她还单人驾驶“深海漫游者”号小潜艇到达了前所未有的单人下潜的最深处，即1000米的深度。因此，希尔维亚·厄尔作为下潜到海底最低点的第一位女性，是当之无愧的不吃海鲜的潜水女王。

第五章
多少财富海底中

海洋是个蓝色的聚宝盆，其中不但储藏着地球上取之不尽、用之不竭的天然资源，也沉睡着大量的人类遗物。海洋中有数以万计的沉船，这些沉船中又埋藏着大量的金银珠宝和珍贵的文物。碧波下这神秘的金库，具有很大的诱惑力，使那些海底寻宝者朝思暮想、如醉似狂。

数不尽的海底矿藏

海底蕴藏着丰富的矿产资源。在海岸带及大陆架的浅海富集着石英砂、金、铂、金刚石、铁砂、锡砂，还有锆石、金红石、独居石等。在浅海下面的岩层中，还蕴藏着极为丰富的石油、天然气、煤和硫、石膏、盐等。在半深海和深海有大量的锰结核。此外，在大陆边缘还有火山岩浆形成的斑岩铜矿、铬、镍、金刚石矿以及分布很广的硫化矿物。

石英砂

海底矿藏的分类，按其形态可分为流体矿藏和固体矿藏两类。流体矿藏主要有石油和天然气。它们是分布最广和最具经济价值的海洋矿产资源，也是当前开采量最大、经济效益最好的海洋矿产资源。固体矿藏还可分为非固结矿床和固结矿床两种。非固结矿床主要包括滨海砂矿、海底表层的锰结核和金属软泥矿等。固结矿床包括火山岩浆生成的多金属矿床和海底基岩中的煤、硫、铜、铁等矿床。固体矿产资源分布很广，具有较大的经济价值，目前有的已形成生产规模。

海底矿藏按所处的海水深度可分为两类：浅海矿藏、深海矿藏。浅海矿藏是指蕴藏在大陆边缘浅海区内的矿藏，主要有天然气和石油、海滨砂矿、磷钙石、海绿石以及海底基岩中的煤、铁、铜、硫等。浅海矿藏不仅种类多、品位高，而且容易开采，是当前开发最多的海洋矿产资源。深海矿藏主要有锰结核、石油和天然气、富钴锰结壳、金属软泥、热液多金属矿等。深海矿藏开采难度大，投资多，技术复杂，经济效益较差，因而目前只

海绿石

有少量开发。但从后来调查表明，深海矿藏有很高的利用价值，开采前景广阔。

海底矿藏按成矿的位置和环境可分为表层矿床和基岩矿床两大类。表层矿床主要呈松散状态存在于海底表层。这种矿藏按在海底所处的具体位置又可分为大陆架、大陆坡和深海底三种类型。在大陆架表层上主要有各类砂矿，如金刚石、金、锡、重金属砂矿等。在水深 200 ~ 3500 米的大陆坡上有金属软泥矿和火山岩热液金属矿。在水深 3500 ~ 6000 米的海底上主要有锰结核、锰结壳等。海底基岩矿床是指埋藏在海底的煤、铁、铜、硫以及石油和天然气等矿床。

海洋矿产资源不同于陆地矿产资源的分布，陆地矿产资源的分布是不均匀的,往往集中在某些地区。而海洋资源分布比较均匀，从海岸到大洋深处都有矿藏分布。

海洋的血液——石油

石油，也称原油，是一种黏稠的深褐色液体。地壳上层部分地区都有石油储存。石油的性质因产地而异，密度为 0.8 ~ 1.0 克 / 立方厘米，黏度范围很宽，凝固点差别很大（30℃ ~ 60），沸点范围为常温500℃以上，可溶于多种有机质，可与水形成乳状液，但不溶于水。

石油是古代海洋或湖泊中的生物经过漫长的演化而形成的混合物，与煤一样属于化石燃料。我们日常的交通工具基本上是靠石油作为燃料，现今许多国家都是靠石油加速现代化的进程。地球上，在波斯湾一带的储藏石油比较丰富，在俄罗斯、美国、中国、南美洲等地也有大量储藏。

深海石油的开采

石油只是一种原油，要经过不断加工和提炼才可以被人们利用。石油所加工出来的产品可分为石油燃料、石油溶剂与化工原料、润滑剂、石蜡、石油沥青、石油焦六类。其中，各种燃料所占产量最大，约占总产量的90%。提炼出来的燃料油和汽油组成目前世界上最重要的能源之一。由于石油是一种不可再生的原料，许多人担心石油用尽后会对人类带来可怕后果。

不管在工业、农业还是在其他方面，石油都扮演着重要角色。燃料油石油是许多化学工业产品的原料，如溶剂、化肥、杀虫剂和塑料等。

石油的生成至少需要200万年的时间，在现今已发现的油藏中，时间最长的可达到5亿年之久。在辽阔的海底蕴藏着丰富的石油资源。我国浅海大陆架开阔，渤海、黄海、东海及南海的南北两翼都有面积广大、沉积巨厚的大型盆地，石油储藏量大。

那么，蕴藏在海底的石油是怎样演变而来的呢？其实它是有机物质在适当的环境下经过复杂的物理、化学变化，逐渐地转化成石油。

在地球不断演化的漫长历史过程中，有一些“特殊”时期，如古生代和中生代，大量的植物和动物死亡后，其身体中的有机质不断分解，与泥沙或碳酸质沉淀物等物质混合，在低洼的浅海或陆上的湖泊中沉积，形成了有机淤泥。这种有机淤泥又被新的沉积物覆盖、埋藏起来，形成氧气，不能自由进入还原环境。随着低洼地区的不断沉降，沉积物不断加厚，有机淤泥所承受的压力和温度不断上升，在这种状态下，处在还原环境中的有机物质经过复杂的物理、化学变化，逐渐

转化成石油。经过数百万年漫长而复杂的变化过程，有机淤泥经过压实和固结后，变成沉积岩，形成生油岩层。

石油的产生带给了人们意想不到的惊喜。沉积岩进过一系列的地质变化，形成沉积盆地。随着地壳运动发生“沧海桑田”的变化，海洋变成陆地，盆地变成高山。沉积岩层也跟着发生了规模不等的挠曲、褶皱和断裂现象。

在这种环境下，沉积层里具有流动性的点滴油气就会透过泥沙离开它们的原生之地（生油层），经“油气搬家”再集中起来，流到一个比较平坦的“盆”里，这个“盆”就是沉积盆。沉积盆把这些流动性的油气储集到一起，然后，就形成了可供开采的油气矿藏。

在这个储油构造里，流动性的油气大致为油、水、气三种类型。由于三者的比重不同而发生重力分异，一般气体都在上部，因为它密度是最小的。水密度是最大的，所以在下部。中间就是石油层了。储油构造包括油气居住的空间——储集层；覆盖在储集层之上的不渗透层——盖层；以及遮挡油气进入后不再跑掉的“墙”——封闭条件。所以，只要能找到储油构造，就可以找到油气藏。油气藏往往是两种或几种类型的油气藏复合出现，多个油气藏的组合，就叫油气田。

南海上的石油开采

海底石油是埋藏于海洋底层以下的沉积岩及基岩中的矿产资源之一。海底石油的开采始于20世纪初，但在相当长时期内仅发现少量的海底油田，直到20世纪60年代后期海上石油的勘探和开采才获得突飞猛进的发展。

目前，世界最著名的海上产油区有波斯湾、委内瑞拉马拉开波湖、欧洲北海、南美洲墨西哥湾。海上天然气的储量以波斯湾第一，被称为“石油海”；北海第二；墨西哥湾第三。中国大陆架的海底石油产量前景广阔，很有可能成为将来的“石油海”。

神奇的“可燃冰”

近年来，人们在海洋中（以及某些陆地冻土地带）又发现了一种被称为“可燃冰”的新能源物质。“可燃冰”是天然气水合物的别称，是天然气和水在低温（＜10℃）高压（＞10MPa）条件下所形成的一种固态水合物，主要成分是甲烷，故有时也称为甲烷水合物。纯净的天然气水合物外形似冰，可以像固体酒精那样直接点燃，每立方米“可燃冰”可释放出164立方米的甲烷。在海底，该物质主要分布在水深超过300米海底的1100米以浅的地质层中，矿层厚度可达上百米，分布面积估计至少也可以达到数万至数十万平方千米。据推测，全球该物质的储藏量大约是煤、石油和天然气总储藏量的2倍左右（注：均折合成有机碳比较）。

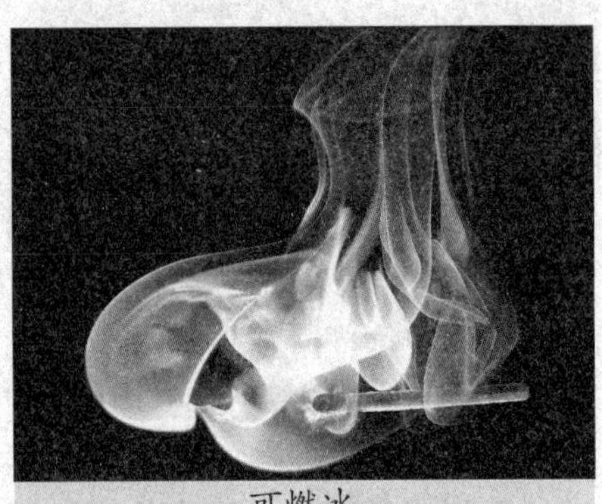
可燃冰

我国于2007年6月宣布，中国地质调查局在南海北部神狐海域海底成功钻取了该物质的高纯度实物样品，成为世界上继美国、日本、印度之后第四个从深海中获取该物质的国家。该物质在我国南海的估算储藏量为640亿～770亿吨石油当量，相当于我国石油总储藏量的1/2。

目前，世界上至少有30多个国家正在进行“可燃冰”的勘探与调查研究，该物质的发现又为海洋增添了一种新的潜在能源。但是，要实现“可燃冰”规模性开采，目前还存在着诸多的技术难题，如开采成本过于高昂、开采与输送过程中其主要成分甲烷泄漏对大气层的危害、大量开采有可能对海底地层结构的稳定性造成破坏等问题尚未解决，因而要达到商业性开采利用至少还需要10～20年。目前该资源还只能被视作战略性储备能源。

蕴含丰富可燃冰的西沙

可燃冰

可燃冰的开采其实对人类生存环境也提出了严峻的挑战。天然气水合物中的甲烷，其温室效应为二氧化碳的20倍，温室效应造成的气候异常和海面上升正威胁着人类的生存。全球海底天然气水合物中的甲烷总量约为地球大气中甲烷总量的5000倍，稍有不慎，让海底天然气水合物中的甲烷气逃逸到大气中去，将产生无法想象的后果。而且固结在海底沉积物中的水合物，一旦条件发生变化使甲烷气从水合物中释出，还会改变沉积物的物理性质，极大地降低海底沉积物的工程力学特性，使海底软化，出现大规模的海底滑坡，毁坏海底工程设施，比如海底通讯电缆和海洋石油钻井平台等。

镇海之宝——像肿瘤一样的锰结核

英国曾有一艘叫“挑战者”号的三桅帆船，在海上进行了长达3年多的考察，这次考察收获不小，队员们带回了一些黑乎乎的像瘤子一样的东西。这些奇怪的东西是从不同地区的海底捞上来的，开始谁也不知道是什么，直到拿到化验室去分析，才发现其主要成分是锰。还因为它看起来像结核病人的结核，于是有人就把它叫“锰矿瘤”，所以后来都叫锰结核或金属结核。

锰结核广泛地分布于世界海洋2000～6000米深海底的表层，以在4000～6000米水深海底的品质最佳。锰结核总储量估计在3万亿吨以上。其中北太平洋分布面积最广，储量占一半以上，约为1.7万亿吨。锰结核密集的地方，每平方米面积上就有100多千克，简直是一个挨一个地铺满海底。据调查，除了极地海洋外，几乎世界各地的海域中都有这种锰结核。仅太平洋底，估计就蕴藏1.5万亿吨。

锰结核有这么大的储藏量，那它的物质来源是什么呢？海洋科学家对此作了四方面分析。锰结核是

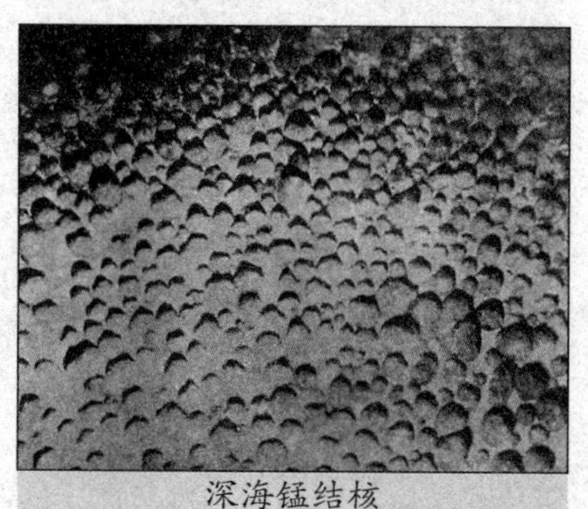

深海锰结核

来自陆地或岛屿的岩石风化后释放出铁、锰等元素，然后其中一部分被海流带到大洋沉淀。它也可以来自于火山，岩浆喷发产生的大量气体与海水相互作用时，从熔岩中带走一定量的铁、锰，使海水中锰、铁越来越多，特别是海底火山处。第三个来源是生物的金属物质，所谓积少成多，浮游生物体内富含微量金属，它们死亡后，尸体被分解，金属元素也就进入海水，这会促进锰结核的形成。有关资料表明，锰结核的形成也是因为宇宙每年要向地球降落2000～5000吨宇宙尘埃，尘埃富含金属元素，分解后也在海洋沉积。

锰结核生成的原因至今还是个谜。一般认为是沉降于海底的各种金属的氧化物，以带极性的分子形式，在电子引力作用下，以其他物体的细小颗粒为核，不断聚集而成。这个理论也有不能自圆其说之处：锰在海水中的含量并不算多，为什么锰结核却会独占鳌头呢？因此，锰结核的成因有待继续研究。

为了研究锰结核的形成，20世纪80年代，美、日、德等国家矿产企业组成的跨国公司，积极开发开采设备。科学家们大致研究出链斗法、水力升举法和空气升举法三种。链斗式采取像旧式农用水车那样的挖掘机械，利用绞车带动挂有许多戽斗的绳链不断地把海底锰结核采到工作船上来。水力升举式海底采矿机械，是通过输矿管道，利用水力把锰结核连泥带水地从海底吸上来。空气升举法同水力升举原理一样，只是直接用高压空气把锰结核吸到采矿工作船上来。

看过《西游记》的人都会记得，孙悟空大闹东海龙宫得“镇海之宝”——金箍棒的故事。孙悟空的金箍棒是用金、银、铜、铁做的，威力无穷，能降妖伏魔。“镇海之宝”的故事，纯粹是一则美丽的神话，但它反映了古代人们的愿望和想象。如今，神话变成了现实，真正的海底“镇海之宝”——锰结核。

有的锰结核锰含量达到55%，除锰以外还含有铁、镍、铜、钴、钛等20多种金属元素，并且含量都很高。锰结核所富含的金属广泛地应用于现代社会的各个方面。如金属锰可用于制造锰钢，其质地极为坚硬，能抗冲击、耐磨损，大量用于制造坦克、钢轨、粉碎机等。锰结核所含的铁是炼钢的主要原料，所含的金属镍可用于制造不锈钢，金属钴可用来制造特种钢，金属铜大量用于制造电线。锰结核所含的金属钛，密度小、强度高、硬度大，广泛应用于航空航天工业，有“空

间金属”的美称。

锰结核不仅储量巨大，而且还会不断地生长。生长速度因时因地而异，平均每年长1毫米。以此计算，全球锰结核每年可增长1 000万吨，堪称“取之不尽，用之不竭”的可再生多金属矿物资源。

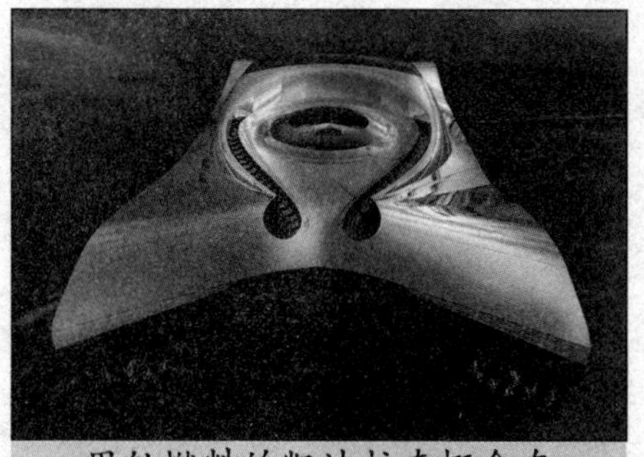
用钍燃料的凯迪拉克概念车

深海软泥与热液矿床

海泥，它们富含金、银、铁、锌、铜、锰、铅等矿藏。把它们打捞上来，就能提炼出宝贝。

深海软泥种类很多，常以它们所含有的主要生物名字命名，如抱球虫软泥、翼足类软泥、硅藻软泥、颗石藻软泥、放射虫软泥等。按其主要化学成分区分，则有钙质软泥、硅质软泥、多金属软泥等。

此外，还有由火山熔岩物形成的火山泥和火山矿。在这些火山泥中，有以石英为主、含硫化铁而呈青色的青泥。这种青泥又常因有机物还原或硫化铁氧化产生氢氧化铁而转呈蓝色，故又有蓝泥之称。存在于闭塞海盆，因含有大量黑色硫化亚铁而呈黑色的称黑泥。含有铁、钾硅酸盐等沉积物，而成为暗绿色的绿泥或海绿砂。

藏在深海的软泥

软泥中含有大量的铜、铅、锌、银、金、铁和若干铀、钍等元素。

“阿特兰蒂斯”Ⅱ号海渊的含金属软泥是红海中最典型的代表，也是目前世界上已发现的最有经济价值的含金属沉积物矿藏。沉积层自上而下可分为四层，顶部有10 ~ 15米的黑色细粒沉积物，主要是一些黏土和氧化铁、铁蒙脱石矿物，还含有少量闪锌矿、针铁矿和菱锰矿。第二层为针铁矿层，厚2 ~ 10米，为橙黄色的中、细粒沉积物，主要由1 ~ 30微米大小的针铁矿和褐铁矿组成，也含有少量赤铁矿和黄铁矿。该层氧化铁的含量高达64.2%，锰、锌、铜的含量较低，分别为氧化锰1.1%、氧化锌0.7%、

氧化铜 0.3%。第三层沉积的是金属硫化物，呈黑色，含有丰富的锌矿、铁矿或黄铜矿等，它们连续成层地铺在海底，有时候还含有硬石膏和重晶石。该层厚度在 1 米以上，平均含氧化铜 4.5%、氧化锌 12.2%，是主要的含金属层。第四层是碳酸盐沉积物。有人对这个海渊顶部 10 米以内的沉积物进行了估算，矿物总储藏量达 5000 万吨以上，其中锌 320 万吨、铜 80 万吨、银 4500 吨、金 45 吨。与陆上的硫化矿床相比，无论在规模上还是品位上，都堪称大型矿床。

红海的含金属沉积物的形成，和地壳运动密切相关。据地球物理资料推断，2000 万年前红海并不存在，现今的阿拉伯半岛和非洲大陆是连成一体的。后来，由于海底扩张，阿拉伯半岛和非洲大陆分裂，每年平均以 2.2 厘米的速度继续分离，逐渐形成为一个狭长的断陷盆地，被海水淹没形成红海。红海一带的海底仍然很活跃，常有地壳断裂和火山喷发。当海水沿着断裂带下渗，并在周围的岩层溶解着盐类和重金属，形成含矿溶液。当这种含矿溶液再遇到地壳运动而析出时，就沉积成含矿层。另外，火山喷发时，熔岩里也含有多金属元素。当多金属元素喷发出来，就以溶液的形态存在于海水里，以后再经过沉积形成矿层。

红海

当红海海底发现由热液形成的多金属软泥矿床之后，人们自然由红海的地壳构造联想到了大洋中脊，那里也是火山活跃的地方，也会有热液涌出，也能找到相似于红海的海底热液矿床。1973 ~ 1974 年，美法联合在大西洋大洋中脊发现了海底热液的征兆。20 世纪 70 年代后期，又在太平洋大洋中脊发现了各种海底热液矿床。

美国不止一次地对东太平洋大洋中脊进行考察，发现了 30 处海底热液矿床，这些矿床都具有很高的经济价值。如 1981 年美国在东太平洋距厄瓜多尔约 500 千米的海底，发现了海底热液矿。它处于 2400 米的海底，在长 1000 米、宽 218 米、厚 43 米的范围内，储藏量可达 2500 万吨。采集的大量矿石标本中，

有一块重100千克。对这些标本进行化验表明，富集铜、铁元素，还含有钼、钒、银、锌、镉等元素。据估算，这个矿床的经济价值至少是20亿美元。

五彩缤纷的海底热液矿藏

海底热液矿藏又称“重金属泥”，是由海脊裂缝中喷出的高温熔岩，经海水冲洗、析出、堆积而成的，并能像植物一样，以每周几厘米的速度飞快地增长。它含有金、铜、锌等几十种稀贵金属，而且金、锌等金属品位非常高，所以又有“海底金银库”之称。饶有趣味的是，重金属五彩缤纷，有黑、白、黄、蓝、红等各种颜色。在当今技术条件下，虽然海底热液矿藏还不能立即进行开采，但是，它却是一种具有潜在力量的海底资源宝库！

沉睡万千年的钴

地球上“睡”得最安稳的金属应该算是钴了，因为富钴结壳深埋在海底，着实难以开采。富钴结壳是生长在海底岩石或岩屑表面的皮壳状铁锰氧化物和氢氧化物。因富

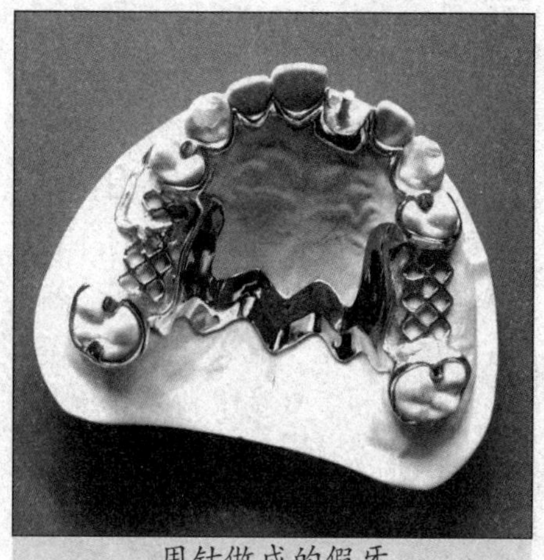

用钴做成的假牙

含钴，名富钴结壳。表面呈肾状或鲕状或瘤状，呈黑色、黑褐色，断面构造呈层纹状，有时也呈树枝状。因为富钴结壳含有钛、锰、钴等多种金属，它很可能成为战略金属钴、稀土元素和贵金属铂的重要来源。

稀有金属的储备

第二次世界大战爆发前，许多国家尤其是西方国家根据第一次世界大战的教训，从扩军备战的需要出发，积极储备或控制铝、铬、石油等重要物资，从而逐步形成了战略物资的概念。最初，战略物资专指用于制造武器装备和军用物资的原材料，随着科学技术的进步和经济的发展，人们对战略物资的着眼点已不局限于军事方面，而是基于国民经济的

总体需要，因而战略物资的种类不断增加，范围不断扩大。战略物资对于国计民生和国防有重要意义。钢铁是现代工业和国防工业的主要材料，有色金属对于国防工业也有至关重要的作用，稀有金属与航空、航天、原子能等尖端工业和军事技术的发展密切相关。有人预言，钛将成为仅次于铁和铝的第三代金属，锂将成为 21 世纪的“能源金属”。

富钴铁锰结壳氧化矿床遍布全球海洋，集中在海山、海脊和海台的斜坡和顶部。数百万年以来，海底洋流扫清了这些洋底的沉积物。太平洋约有 5 万座海山，其富钴结壳贮存量最丰富，但经过详细勘测及取样的海山却寥寥无几。

富钴结壳中的矿物很可能是借细菌活动之助，从周围冰冷的海水中析出沉淀到岩石表面。结壳形成厚度可达 25 厘米，面积宽达数万平方千米的铺砌层。据估计，大约 635 万平方千米的海底（占海底面积 1.7%）为富钴结壳所覆盖。据此推算，钴总量约为 10 亿吨。

根据储藏学、海洋学和品位（矿石中有用矿物含量的百分率）等条件，最具开采潜力的结壳矿址位于赤道附近的中太平洋地区，尤其是约翰斯顿岛和美国夏威夷群岛、马绍尔群岛、密克罗尼西亚联邦周围的专属经济区，以及中太平洋国际海底区域。此外，水深地区的结壳矿物含量比例最高，是开采的一个重点。

富钴结壳除了钴含量高于深海锰结核之外，其开采之所以被认为有利，是因为高质量的结壳储存在岛屿国家专属经济区内，水深较浅，离海岸设施较近的水域。

在 20 世纪 70 年代后期，特别是在 1978 年，当时世界上的第一产钴国扎伊尔（现在的刚果民主共和国）境内矿区爆发内战，钴价飙升，人们对结壳的经济潜力有了深刻的认识。由于刚果民主共和国的生产持续下降，直到 2000 年，赞比亚、加拿大和俄罗斯三国总产量占了全球总产量（2.95 万吨）的一半以上。

在历史上，钴价波动较大。在 1979 年前扎伊尔沙巴省发生动乱期间，钴价在数周之内激增三倍。

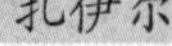
扎伊尔

当时扎伊尔约占全球供应量的一半。现在，钴生产在地域上远没有以前集中。但从中、短期来看，需求仍趋于缺乏价格弹性。只要认为可能出现供应问题，价格仍可能迅速倍增。

大洋富钴结壳主要存在于太平洋水下顶面平坦、两翼陡峭、形似“圆台”的海山斜坡上，水深1000 ~ 3500米，色黑似煤，质轻性脆，结构疏松，表面常布满花蕾似的瘤状体，厚度一般为几毫米至十几厘米，形状为板、结核或砾状等的海相固结沉积物。

由于沉积时古海洋环境的差异，富钴结壳常呈现为成分和颜色不断变化的多层构造特征，如褐煤状、多孔状或无烟煤状结壳分层。此外，据实地勘查及系统科学研究，它在太平洋不同区域的储存特征和富集规律也是五彩缤纷、千奇百怪。至今，它已静静地沉睡在海底数千万年了。

有资料显示，富钴结壳金属钴含量可高达2%，是陆地最著名的含钴矿床中非含铜硫化物矿床含钴量的20倍。若与我国东太平洋海盆、大洋多金属结核开辟区相比，其钴含量高3倍至4倍，铂含量高10多倍，海底面覆盖率高3倍至4倍，单位面积重量高4倍至6倍。据不完全统计，太平洋西部火山构造隆起带上，富钴结壳矿床的潜在资源量达10亿吨，钴金属量达数百万吨，经济总价值已超过1000亿美元。因此，自20世纪80年代以来，它一直是世界海洋矿产资源研究开发领域的热点。

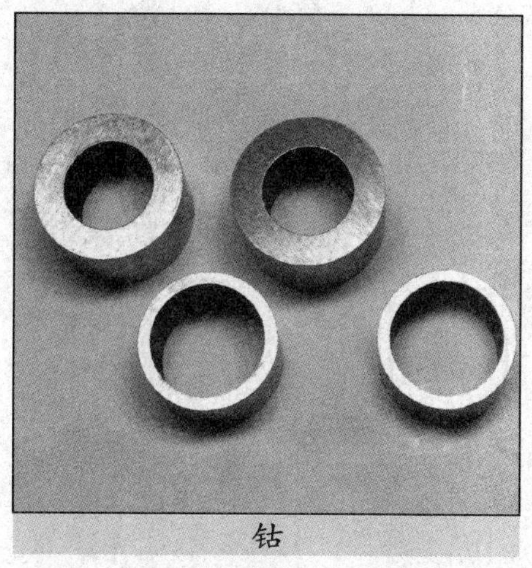
钴

盐的故乡——大海

我们日常食用的盐是从哪里来的呢？地球母亲提供给我们一个巨大的仓库，那就是海洋。海水是一种非常复杂的多组分水溶液，其中就有各种盐。然而，海水为什么含有盐分，这又是一个复杂的问题。有人说这与地球的起源、海洋的形成及演变过程有关。一般还认为，盐分主要来源于地壳岩石风化产物及火山喷出物。

斯堪的那维亚半岛曾有一个民

间传说，在海底有一个神仙，它有一盘磨盐的磨子在不停地转动，所以海水一直是咸的。

有人说海水是盐的“故乡”，是因为海水中含有各种盐类。海水中90%左右是氯化钠，也就是食盐，另外还含有氯化镁、硫酸镁、碳酸镁及含钾、碘、钠、溴等各种元素的其他盐类。氯化镁是点豆腐用的卤水的主要成分，味道是苦的，因此，含盐类比重很大的海水喝起来是又咸又苦的。

如果把海水中的盐全部提取出来平铺在陆地上，陆地的高度可以增加153米；假如把世界海洋的水都蒸发干了，海底就会积上60米厚的盐层。

海水里这么多的盐是怎么聚集的？这个复杂的问题难以得出明确的结论。科学家们把海水和河水加以比较，研究了雨后的土壤和碎石，得知海水中的盐是由陆地上的江河通过流水带来的。当雨水降到地面，便向低处汇集，形成小河，流入江河，一部分水穿过各种地层渗入地下，然后又在其他地段冒出来，最后都流进大海。

因为水在流动过程中，经过各种土壤和岩层，使其分解产生各种盐类物质，这些物质随水被带进大海。加上海水经过不断蒸发，盐的浓度就越来越高，而海洋的形成经过了几十万年，海水中含有这么多的盐也就不奇怪了。

丰富的海盐

盐田

那么，怎样使海水中的盐变为我们经常使用的食盐呢?

目前，从海水中提取食盐的方法主要是“盐田法”，这是一种古老而至今仍广泛沿用的方法。使用该法需要在气候温和，光照充足的地区选择大片平坦的海滩，构建盐田。

盐田一般分成蒸发池和结晶池两部分。先将海水引入蒸发池，经日晒，水分蒸发到一定程度时，再倒入结晶池，继续日晒，海水就会成为食盐的饱和溶液，再晒就会逐渐析出食盐来。这时得到的晶体就是我们常见的粗盐。剩余的液体称为母液,可从中提取多重化工原料。

古代我国沿海居民利用海水制食盐，把海水引入盐田，利用日光和风力蒸发浓缩海水，使其达到饱和，进一步使食盐结晶出来。这种方法在化学上称为蒸发结晶。

公元1320年至公元1378年时，在我国碣石山北境高津河沿岸建有海丰、海润、海盈三处盐场。明初，海润、海盈有煎有晒，明世宗嘉靖元年（1522年）海丰场率先易煎为晒，一直沿用了2000多年的传统制盐旧工艺，被无棣人发明的新工艺所代替，使制盐业向前迈进了一大步，无棣人对盐业生产的贡献功不可没。

海水晒盐的加强蒸发方法与液体蒸发技术有关。以往的海水蒸发晒盐，均采用平面蒸发的方法，盐水与流动的水汽未饱和的空气的接触面积限于盐田的平面面积，而加强蒸发法以盐水在一定高度上洒下，或盐水在一定压力下且在一定高度上喷洒，立体式地扩大了盐水溶液与流动的水汽未饱和的空气的接触面积，加大了蒸发面积，加强蒸发，缩短蒸发周期从而提高盐水的蒸发效率。

海水的化学资源利用是将海水先蒸发结晶，把苦卤水（含有镁离子、溴离子、碘离子等）和粗盐（含钠离子、氯离子、镁离子、硫酸根离子等）析出。然后，依次加入氯化钡、氢氧化钠、碳酸钠。去除杂质，过滤后可得到沉淀和滤液，加入稀盐酸溶液之后，再蒸发结晶，这样就可以得到纯净盐。

海水蕴藏的碘极为丰富，总数估计达800亿吨。碘是国防、工业、农业、医药等部门和行业所依赖的重要原料，世界上有许多国家从海水中提取碘。

20世纪70年代末，中国提出“离子共价”的概念，成功研究出JA—2型吸着剂，可直接从海水中提碘和溴；此后发展了液－固分配等富集方法，亦可直接从海水中提取碘。

晒盐后的卤水也可制取碘，其中，活性炭吸附法比较简单。某些海藻具有吸附碘的能力，如干海带中碘的含量一般为0.3%～0.5%，比海水中碘的浓度高10万倍。因此，利用浸泡液浸泡海带亦可制取碘。

盐砖

你知道吗

我国的主要海盐场

海盐是重要的海洋资源，也是人们生活不可缺少、化学工业需要的盐类。它是生产酸、碱、氯气和化肥的重要原料，被称为“化学工业之母”。我国海岸线漫长，大多地势平坦，很适合建滩晒盐。我国最著名的盐场有长芦盐场、复州湾盐场、塘沽盐场、南堡盐场、羊口盐场、青岛盐场、苏北盐场、莺歌海盐场、布袋盐场等。

大海——未来的粮食基地

有些读者可能会想，在海洋中不能长粮食，怎么能成为未来的粮仓呢？是的，海洋里不能种水稻和小麦，但是，海洋中的鱼和贝类却能够为人类提供营养丰富的蛋白食物，更何况还有无限的海洋资源有待开发。

蛋白质是构成生物体的最重要的物质，它是生命的基础。现在人类消耗的蛋白质中，由海洋提供的不过5%～10%。令人焦虑的是，20世纪70年代以来，海洋捕鱼量一直居高不下，有不少品种已经呈现枯竭现象。用一句民间的话来说，现在人类把黄鱼的孙子都吃得差不多了。要使海洋成为名副其实的粮仓，鱼鲜产量至少要比现在增加十倍才行。美国某海洋饲养场的实验表明，大幅度地提高鱼产量是完全可能的。

海洋中的渔场

自然界存在着数不清的食物链。在海洋中，有海藻就有贝类，有了贝类就有小鱼乃至大鱼。世界上屈指可数的渔场大抵都在近海，这是因为海藻生长需要阳光和硅、磷等化合物，这些条件只有接近陆地的近海才具备。海洋调查表明，在1000米以下的深海水域中，硅、磷等含量十分丰富，只是它们浮不到温暖的表面水层。因此，只有少数范围的海域，由于自然力的作用，深海水自动上升到表面层，从而使这些海域海藻丛生，鱼群密集，成为不可多得的渔场。

有关专家乐观地指出，海洋粮仓的潜力是很大的。目前，产量最高的陆地农作物每公顷的年产量折合成蛋白质计算，只有0.71吨。而科学试验显示，同样面积的海水饲养产量最高可达27.8吨，具有商业竞争能力的产量也有16.7吨。

海水——未来的淡水资源

在很多地方，通过海水脱盐来制造淡水，已经在大规模地进行，但是成本一直很高。由于我们对淡水的需要不断增长，科学家们正在研究廉价的方法。有一种方法是利用核燃烧或太阳能来煮沸海水，通过蒸馏取得淡水而留下盐。另一种方法，是把海水通以电流，让带正电的盐离子向一个方向流动，而让带负电的离子向另一个方向流动，从而分离出盐。还有一种方法，是用一种特殊的薄膜，让纯水通过，而把盐滤出。再一种方法，是把海水冻结。冻结过程能从水中萃取出盐。当盐从冰中分离出来以后，冰融化就得到淡水。得到淡水的最好方法之一是“多级闪速蒸馏法”。其方法是使海水进行几次快速蒸发，每次都是在更高的真空和更低的温度下进行。

世界上淡水资源不足，已成为人们日益关切的问题，也影响了一些国家的经济发展。1997年3月，世界气象组织和联合国教科文组织，在摩洛哥举行的世界水资源论坛准备的文件中，发出了“到21世纪，水有可能成为一种稀罕之物”的惊呼。当然，这里所述的水是指淡水。淡水在地球上本来就十分有限，它只占地球总水量的3%还不到，而且，其中约2/3囤积在高山和极地的厚厚冰雪中，近1/3深埋在地层里，而真正能被我们利用的淡水，只占

海水淡化设施

地球总水量的0.26%左右。就是这占有极小份额的淡水资源，今天还正面临着来自人类的严重污染，致使其更加捉襟见肘，日见匮乏。因此，节约用水，保护珍贵的淡水资源，已成为现代人的当务之急。

除了节约和保护现有的淡水资源以外，人们自然想到怎样开辟新的更充足的水源，而占地球总水量达96.5%的海水当然成为首选的目标。海水又咸又苦，既不能喝，也不能用。如果用海水灌溉农作物，会使它们迅速腌死；如果用海水烧锅炉，就会使锅炉壁结成锅垢而影响传热，甚至引起爆炸……因此，若想利用海水，就必须将海水进行淡化处理。

当前人们已掌握了几种海水淡化方法。

第一种是蒸馏法，即把海水加热，变成蒸汽，然后使蒸汽冷却变成淡水。一次蒸馏不行，还可以蒸馏多次。蒸馏法的缺点是，要消耗较多的能量。如果利用工业余热，特别是核电厂的高温余热来加热海水，就可节省燃料，降低淡化的成本。

第二种是电渗析法，它依靠两种薄膜——阴离子膜和阳离子膜，经过通电把海水里的盐类分解成为阳离子和阴离子，并且分别通过薄膜迁移到另一边，剩下的便是不含盐的淡水。虽然电渗析法耗能相对较少，但是不能除去海水中不带电荷的杂质。

第三种是反渗透法。利用一种薄薄的具有多孔结构的“反渗透膜”作为核心部件，在加压条件下，薄膜只能让水通过，把盐类物质拒绝于薄膜外，这样淡水和盐类就分开了。反渗透法不仅分离效率高，能量消耗少，而且设备简单，所以备受人们的欢迎，成为当今世界各国最广泛使用的海水淡化技术。

除了以上三种海水淡化方法以外，人们还在探索其他效率更高、成本更低的海水淡化技术。

深层海水用处多

在地球水资源中，海水占96.5%。所以，如何充分利用海水资源，一直是人们极为关心的问题。在日本、美国等发达国家，一个新兴的产业——利用深层海水，正在悄悄地兴起。

在海洋深处，由于受到上部海水的阻挡，阳光无法到达，致使水中生物远远少于浅层，尤其是那些喜阳性的浮游微生物。这就使海水中有机物的分解速度大大超过其被生物吸收、合成的速度。所以深层

海洋的养殖业

海水中含有极其丰富的氮、磷等营养成分。另外，由于阳光不能到达，深海水还具有温度较低（一般在1℃～9℃）以及清洁、有害病菌少的特点。

鉴于深层海水的这些特点，人们已将其使用于多个不同的领域。其中以养殖业最为适宜。本来，饲养生活在水深300米以下的鱼类，一直是鱼类养殖家最为头痛的难题。现在利用深海水进行养殖，就使这困扰人们多年的难题迎刃而解了。例如银大马哈鱼，人们以前千方百计尝试人工养殖都未获得成功，现在它们在深层海水的养殖槽里却欢快地游弋着。还有本来只能生长在深海中的红珊瑚，今天在日本深层海水研究所的养殖场里，也健康地生长着。而且人们发现，利用深海水养殖，还可大大提高虾的成活率和海胆以及贝类的产量。这充分显示出深层海水养殖业所蕴藏的巨大潜力。

由于深层海水营养丰富以及少菌的特点，还被用于生产健康食品。日本高知县每天从距离海岸2000

米、水深320米处抽取深层海水，用来生产豆腐、酱油、咸菜和清酒。据介绍，深海水不仅具有发酵快的优点，而且制成的食品香甜可口，别有风味。一种由当地酿酒厂开发的叫作“土佐深海”的清酒，就是利用深层海水为原料的。这种酒的最大特点就是酒中的酵母菌总是活的，口味柔和，赢得了许多女士的喜爱。人们还开发了一种带有柚子、蜂蜜等口味的深层海水饮料（含3%深海水），也以口味独特、爽口而获得消费者的青睐。

海洋温差发电站

深层海水还被用于发电。科学家做过试验，先使用海洋表面的温暖海水来加热酒精等工作介质，使其蒸发变为气体驱动涡轮发电机，然后用深层海水冷却已蒸发的工作介质，让其循环反复使用。结果，只要有20℃的温差，每秒钟提取200吨的深层海水和同量的表层水，就可以发电10万千瓦，相当于一个中型发电厂的规模。不过，此项研究在技术上还不够成熟，有待于新技术的突破，以获取更大效益。

应该说，利用深层海水来发展经济才初显端倪。随着科学研究的深入，它还会在其他领域中大显身手。

价值巨大的深海“黑烟囱”

1977年10月，美国伍兹霍尔海洋研究所所属的深海潜水器“阿尔文”号在加拉帕戈斯群岛海域率先发现海底热泉生态区。这个海底热泉生态区位于东太平洋，水深2500米。这里也是地球上地壳最薄的地方。热泉生态区热液的喷出速度高达每秒数米。热液喷出后，遇到了冷的海水而迅速降温，所带出的矿物质结晶而形成筒状，由于含硫化物较多而呈黑色，高度可达10米，如同黑烟囱耸立于洋底。这些黑烟囱迅速生长，又很快倒下，形成一片金属硫化物矿床。

后来，海洋学家又先后在墨西哥西部沿海以北的北纬10°海底和北纬21°的胡安·德富卡发现了海底中耸立着许多黑色的“烟囱”，并为此取名“黑烟囱”。海洋地质学家仔细研究了洋底热液喷出口，他们发现，这些喷出口实际上是洋底的间歇喷泉。炽热的热泉从洋底裂缝里流出来，虽然温度很高，但不会沸腾，这是因为在2000多米水深的海底，其压力相当于200多个大气压，如此高的压力下，热液是不会沸腾的。热液喷出后很快冷却，热液中含有的大量矿物质,包括锌、铜、铁、硫黄混合物和硅等，散落在海床上，越积越厚，最后形成烟囱状的山峰。这些人间罕见的奇异景观引起了科学家们极大的兴趣。

科学家以距西雅图以西480千米太平洋海底的“黑烟囱”为例，对“黑烟囱”的成因进一步作了解释。科学家们认为，由于胡安·德富卡板块不断地与太平洋板块碰撞，碰撞的结果令海底地层出现裂缝，继而产生了裂缝扩张，于是地球内部的热液喷涌而出，这些热液冷却后又形成了新的海底地壳。海水在地心引力作用下倾泻而出深入地裂中，同时形成海底环流将熔岩中大量的热能和矿物质携带和释放出来。当从地裂中涌出的炽热的海水再度遇上冰冷的海水中时，便形成了一缕缕漆黑的烟雾。矿物质遇冷收缩，最终沉积成烟囱状堆积物，这就是

深海黑烟囱

海底“黑烟囱”的成因。

“黑烟囱”含有大量金属硫化物，在已发现的30多处矿床中，仅属于美国的加拉帕戈斯裂谷中的硫化物的储量就达2500万吨，其开采价值达39亿美元。从多处海底热泉采样分析来看，这些硫化物含有的矿物元素种类繁多且品位极高。发生这种热液喷出现象海域的平均深度为2225米。热液矿藏又称为海底金属泥。海底热液矿藏中含有大量金属的硫化物，这些发现引起了世界各国的关注，而红海的重金属泥则是迄今世界上已发现的最有经济价值的热液沉积矿床。

多金属硫化物矿床是数千年来在海底热泉附近积聚而成的。海底热液位于海底活火山山脉各处，而这些火山山脉蔓延全球所有的海洋盆地。多金属硫化物矿床还在与火山列岛毗连的地点形成，例如太平洋西部边界沿线的列岛。

另一类新发现的海洋矿物资源是富钴结壳。这种矿壳沉积于水下死火山侧面，历时数百万年才形成，其矿物质来自海水中溶解的金属，而这些金属则是由海水和海底热泉提供的。

热泉使金属硫化物沉积集中，同时又使各种金属散布海洋，促进了富钴结壳的积聚。

不折不扣的“大药库”

人们由于对海洋不了解，常把海洋视作神秘的地方，认为那里神仙出没、贝阙珠宫、珍宝无数、金碧辉煌。随着社会和科学的发展，人类对海洋有了比较全面的了解，那里确实有无尽的宝藏，如石油、矿物、渔业资源、海水动力资源和化学资源等等。不仅如此，海洋还是一个巨大的药库。

你可能会觉得奇怪，海洋里的生物竟然能治病？其实，我国古代劳动人民早就开始用海洋生物制作药物了。著名的《本草纲目》中便有许多记载，例如：鲍可平血压，治头晕目花症；海蜇，味咸涩、性温，可治妇人劳损、积血带下、小儿风疾丹毒等。在我国的传统中药里，海洋药物的种类更是繁多，如人们用海马和海龙补肾壮阳、镇静安神、止咳平喘；用砗磲壳安神解毒；用龟油和龟血治哮喘、气管炎；用海藻治疗喉咙疼痛等。其中最常见的要数海螵蛸和珍珠粉，海螵蛸为乌贼的内壳，可治疗胃病、消化不良、面部神经疼痛等症，还可用作止血剂；珍珠粉可止血、消炎、解毒、生肌等，人们常用它滋阴养颜。可见，海洋生物是中药里不可缺少的组成部分。

珍珠

西药中，也有很多种类是用海洋生物制成的。例如，用带鱼鳞制成的咖啡因，可作多种药品的原料；用鳕鱼肝制成的鱼肝油，可治疗维生素 A 缺乏症、维生素 D 缺乏症；河豚毒素可制肌肉松弛剂、镇静剂和局部麻醉剂等；海蛇毒汁可制抗蛇毒血清，并可制成治疗风湿麻痹、半身不遂、坐骨神经痛等疑难症的特效药。

海洋生物更是现代生物制药的重要原料。目前世界上死于癌症、心脑血管病和艾滋病的人数日趋增多，陆源药物对这些疾病尚未有理想效果，于是许多科学家将目光纷纷投向了海洋，人们发现，鲨鱼软骨中的硫酸软骨素具有抗动脉粥样硬化和抗血管内斑块的功效，对治疗心脏病有疗效。人们还发现，俗称“海石花”的毒性软珊瑚具有抗癌作用；同时，对其他珊瑚品种也进行了研究，希望能找到抗艾滋病的药物。另外，人们还发现海蟹中有一种 MFL 的奇妙物质，能迅速愈合骨折；海绵可治结核病；鱼皮可治烧伤……

随着生物医药工业的蓬勃发展，人们从海洋中提取到的药物种类将会更多且效果更佳，海洋药物将是人类健康的又一保护神。

鲨鱼的医学贡献

美国生物学家对鲨鱼进行了几十年的调查研究后，发现鲨鱼几乎不患任何疾病，更极少得癌症。即使科学家将一些病原菌和癌细胞接种于鲨鱼体内，也不能使它们致病。看来，在鲨鱼体内有某种特殊的防护性化学物质。1985 年，上海水产学院和上海肿瘤研究所的专家们，首次发现鲨鱼血清在体外对人类红细胞性白血病肿瘤细胞具有杀伤作用。这一科研成果为人类从海洋生物资源中寻找抗肿瘤药物开辟了广阔的天地。

叹为观止的海底奇珍

美国科学家曾经做过统计，自 1500 年以来，每个世纪至少有 21.72 万艘船沉没于海洋之中，这些沉船上埋藏的珍宝价值在 6 万亿美元以上，相当于陆地财富的 1/8。

1635 年，载有价值 7000 万美元的黄金和宝石的西班牙舰队倾覆于圣多明各以北的海洋里；1643 年 11 月 16 日，先后沉没于巴哈马群岛附近的 15 艘西班牙运金船，船

藏满宝藏的海底沉船

上金银价值在 3500 万美元以上；1651 ~ 1655 年，先后沉没于佛罗里达长沙湾的 130 艘船舶，载有价值超过 6.7 亿美元的黄金和宝石。据说著名的海盗真拉菲蒂和彼利保勒斯为逃避英国舰队追捕，将载有价值 7300 万美元宝物的船翻沉于阿拉斯加海洋中。此外，由于战争和其他政治上的原因，也有些国家的政府将金银等宝物沉没在海底，后来战争使藏宝者丧生，至今这些金银下落不明。

近年来，由于水下侦察技术的突破，许多海底神秘的宝船纷纷被发现。被称为美洲八大宝藏之谜的，其中就有两大宝藏在沉船上。一艘船叫“圣荷西”号，1708 年 6 月 8 日沉没在加勒比海的海底，船上装满了金条、银条、珠宝和大量珍贵之物，价值在 10 亿美元以上。还有一艘船是“中美洲”号，沉没在南

卡罗来纳州海岸外海底，据说船上最大金块有 0.5 吨重。

目前，许多海底探宝家认为，世界上最大的海底宝藏位于印度尼西亚、马来西亚和新加坡共管的狭窄的马六甲海峡中。据资料记载，1511 年，葡萄牙一艘运载价值 90 亿美元的“费洛尔·马尔”号大帆船，沉没在马六甲海峡。船上装满从苏丹王宫里抢来的财宝，既有金银珠宝、精美工艺品，又有金椅子、金塑像。在这个海峡里，还沉没着许多其他装有宝藏的船。印度尼西亚政府已禁止在这一带打捞沉船。

日本的岛山清行写了一本书《日本的宝藏》，首次公布了当年俄国舰队中 4 艘宝船的沉没位置，其中一艘装有金块 100 多千克，银块 9700 多千克。还有一艘是英国皇家宝船“娜伊如”号，是为庆祝日本天皇即位航行到日本的，船上装有赠送日本皇族的王冠 18 只，还有大批宝石和首饰。俄国的“那希莫夫”号是艘军舰，据说舰上装有整个俄国舰队军费开支的“金库”，有 2200 千克一箱的金砖 5500 箱、大白金砖 16 方、金 18 方，价值在 3 亿美元。

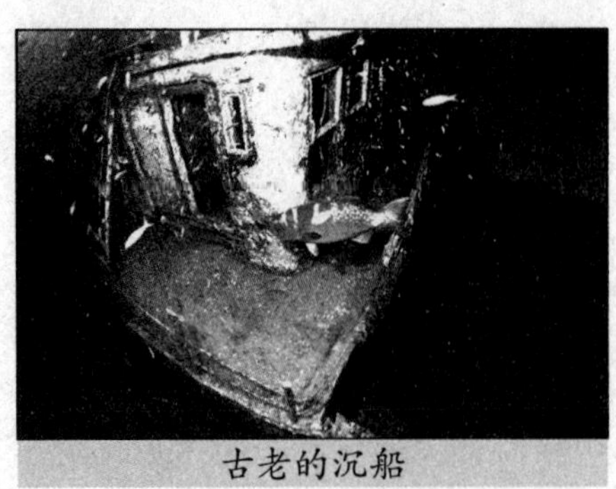
古老的沉船

海洋中确实埋有大量珍宝，估计占陆地财富的 1/8，无论估计正确与否，它都会促使那些海底寻宝者去冒险、去追求。

海底寻宝的幸运儿

在海底寻宝者之中，确有一群幸运儿，他们得到珍宝非常偶然，甚至不费吹灰之力。1906 年，在牙买加南边的培州暗礁群，有个渔夫没有任何潜水工具，只是徒手憋足一口气，钻到礁群中抓龙虾。他万万没有想到，在藏龙虾的石缝里，发现了一些金灿灿的东西，捞上来一看，正是西班牙的金条，有好几百根。

1963 年，在美国佛罗里达州靠近维罗的近海浅滩，两个十几岁的孩子，戴着轻潜水装具，在海水里捉龙虾。他们嬉闹着、追赶着，其中一个钻出水来喊着：“海底有个怪物，会发金光！”另一个不信地问道：“会不会是鲨鱼牙齿！”于是两个小家伙手拉着手，大着胆子

美国双鹰金币

向那发光点靠近。两人一块钻到水下，结果发现是一堆美国双鹰金币，高兴得两人抱成一团。2个小时将金币全部捞了上来，价值20万美元。

1969年夏天，有个潜水员带着妻子到大开曼岛度假，夫妻俩一早一晚都要到海边拾贝壳。那天傍晚，妻子在浅海里走着，只有1米深的水，海底一切看得清清楚楚。她突然发现沙子里有一只金亮的十字架，忙叫丈夫过来捡起看看。他潜入水下，扒开沙层，下面露出一艘沉船的舱室，再用手扒拉，发现堆满了金银财宝。夫妻俩没有声张，等到天黑后开始打捞，结果捞起1521根金条、银条，还有一只1.3千克重的金盘，一枚嵌满宝石的十字架，300个小金塑像和其他贵重物品。

当然，大量珍宝还是落到专业探宝者的手里，特别是那些装备先进的打捞公司手里。1980年，冰岛打捞起一艘300年前沉没的荷兰商船，发现沉船内有43桶黄金及4吨钻石。

据专家们统计，每年世界上有60艘左右的沉船被打捞起来，其中多数都是宝船。这些寻宝幸运儿的不断出现，也刺激了寻宝探险家的冒险勇气。

金元宝

然而并不是所有的寻宝者都是幸运儿。1984年，鲍尔首次在纽约图书馆内看到“戴安娜”号的沉船资料，他就迷上了这艘沉船。为了使梦想成真，他辞去了电脑公司的工作，当上了潜水员，并下决心要依靠自己的力量去打捞“戴安娜”号。经过深入研究与调查，他确定“戴安娜”号沉没在马六甲海峡。1988年，鲍尔自己成立公司，又与马来西亚政府打了整整3年的公文战，终于获得马来西亚政府的许可证。1991年马来西亚政府与鲍尔公司签订了合同，鲍尔这才正式启动工作。打捞工作刚开始30天，便花完数万美元，鲍尔的两位合作者感到希望太渺茫，开始打退堂鼓。他的亲友，都说他神经有毛病，是个疯子和笨蛋。只有他的妻子是个乐观能干的女人，她一面鼓励丈夫努力工作，一面照顾好4个孩子，使他在两年内全身心地投入打捞珍宝工作。他积蓄的40万美元和马来西亚投资的120万美元所剩无几，先前聘用的两名探测技师因拿不到工资不辞而别。1994年5月13日半夜，突如其来的风暴又吞噬了鲍尔的作业平台。

也许是磨难太多，眼看鲍尔难以支撑了，可是上帝给了一点“恩赐”，他的磁探器终于发现了“戴安娜”号，他不要命地钻到海底，遗憾的是，他只捞到一叠176年前的瓷碟。为此，他整整耗掉了8年时间。

类似这样的情况，在海底寻宝热中并不少见，常常是费了九牛二虎之力，却扑了空。可见从海底沉船上寻宝，是一件极为复杂而又艰辛的事情。

价值连城——海底文物

海洋，除了能打捞出大批金银财宝之外，在海洋的底下，还埋藏着人类发展历史的大量资料，是考古学家向往和追求的一块宝地。近年来，在海底发现了许多有价值的古迹文物，它同样也是海洋里的珍宝。

地中海东部是人类古文明最早的发祥地之一，古时海上贸易十分兴隆发达。1958年，一位美国考古学家在土耳其采集海绵时，在28米深的海底，发现了一艘沉船。经研究分析，这艘船距今有3200年。1975年9月，希腊水下考古研究所发现了迄今最早的沉船，距今4500年，还捞上来25块陶制杯、壶、罐的碎片。这些东西对研究古代造船技术和贸易情况确是难得的珍品。

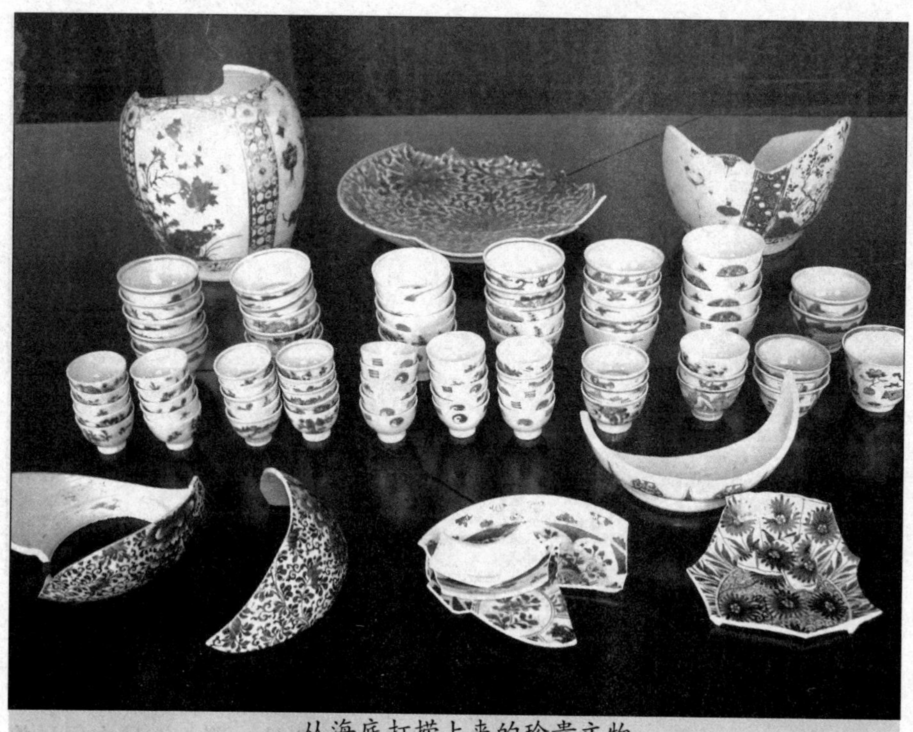

从海底打捞上来的珍贵文物

1967年，美国水下考古队在土耳其西南海岸附近、水深35米的海底，发现一艘古船，装了900坛酒，每坛酒重45千克，他们只捞上100个坛子，大部分都保存完整。

工程最大、耗资最多的是打捞古船“圣·朗诺”号。1744年8月16日中午，经过两年多航行的法国大帆船“圣·朗诺”号终于抵达印度洋上的明珠——毛里求斯。这次航行历尽千辛万苦，全船145人中就有100人因败血病和其他疾病而死亡。活着的人好不容易操纵“圣·朗诺”号绕过好望角，来到印度洋。可是当天夜里，突然袭来一个激浪，“圣·朗诺”号被抛到珊瑚礁上。锐利的角珊瑚戳穿了船底，几分钟后船就沉入大海，只有10来个人逃脱了死神的魔掌。

考古学家布劳脱在童年时代曾读过《保尔和维尼齐》这部小说，其中的“圣·朗诺”号给他留下了深刻的印象。他16岁就学潜水，他的妻子是一位水下摄影师，他决心要捞上这艘古船。经过一年准备，他用了6个月时间打捞，终于完成了这项巨大工程，1万多件在海底下沉睡了250年的物品终于重见天

精美的上彩陶瓷

日。当这艘古船和物品在法国巴黎展出时，引起巨大轰动，参观者竟达50万人之多。有时考古学家们不但能收获大量古迹文物，而且也得到大量的珍宝。1724年7月，“托洛隆”号和“瓜达卢佩”号从西班牙加的斯启程向美洲驶去，这两艘船装满了水银和黄金，在隆马海湾里被风浪打沉。一队考古学家在250年以后发现了它们，并开始在大西洋里打捞。船舱里大量的水银完好地保存着，不过，人们最感兴趣的不是水银，而是代表着18世纪欧洲文化的历史遗物。潜水员们在16米深的海底慢慢地挖掘出各种珍宝：金银首饰、银币、锡铅合金用具、铜剪刀、纽扣、上彩陶器、宗教仪式用品等；还有400多个玻璃器皿，多数是酒杯和瓶子；有5个雕刻精美华丽的茶具，那花纹是中国风格的。在船尾还发现另一艘沉船，挖出1000多件首饰，37件镶有钻石的金别针、20多件钻石别针。

英国人迈克·哈彻，依靠在南海上打捞中国的古瓷器而成了百万富翁。1983年，哈彻在海底寻找第二次世界大战中的沉船时，发现一艘东方式古船。好奇心使他游向这座迷蒙隐现的庞然大物，他发现这是一艘300年前的中国明代帆船，船内有2万件瓷器完好无损，经过300多年浸蚀冲击，瓷器出水后仍然光亮明艳。这些瓷器在拍卖时，平均每件达112美元。1985年，凭着他和助手们娴熟的潜水技术，再次发现一艘装满中国瓷器和一些金锭的荷兰沉船——“格尔德马尔森”号，经过打捞，捞起6.8万件精美的中国古瓷器、125枚金锭，都光彩夺目。拍卖之日，盛况空前。一套308件的餐具就卖了33万美元，一套瓷碟就卖1.5万美元，总共售得1530万美元。

“南海一号”复原图

“南海一号”沉船

“南海一号”为南宋时期商船，船舱内保存文物总数为6万～8万件。这是迄今为止世界上发现的海上沉船中年代最早、船体最大、保存最完整的远洋贸易商船，也是唯一能见证古代海上丝绸之路的沉船！

“南海一号”沉没于水下仅23米深处，船身覆盖了近2米的淤泥，船长304米，宽9.8米，高3.5米（不包括桅杆），发现时，甲板已经腐烂，而船身其他部分尚保存完好，全木质结构（马尾松木，杉木），其是迄今发现最大的宋代沉船。

为何“南海一号”能够长存水下800年而不腐？“南海一号”水环境课题组负责人、中山大学生物科学院徐教授介绍说，“南海1号”在浸泡800多年后仍保存完好主要有两个方面原因：一是“南海一号”所沉没的水下环境氧浓度低，可以推测，船在沉没后的短时间内周围很快附着了大量淤泥，从而使船体与外界隔绝，避免了氧化破坏。对沉船周围淤泥的研究发现，淤泥内有很多生物，但没有存活的，这说明船体周围是一个厌氧状况非常好的环境。二是“南海一号”所使用的材质是松木。根据广东民间说法：水泡千年松，风吹万年杉。这表明松木是抗浸泡比较好的造船材料。

“南海一号”出水的瓷器，汇集了德化窑、磁灶窑、景德镇、龙泉窑等宋代著名窑口的陶瓷精品，品种超过30种，多数可定为国家一级、二级文物。“南海一号”还出土了许多“洋味”十足的瓷器，从棱角分明的酒壶到有着喇叭口的大瓷碗，都具有浓郁的阿拉伯风情。

金器是“南海一号”上目前出水最惹眼、最气派的一类文物。到

目前为止，南海一号共出水了金手镯、金腰带、金戒指等黄金首饰，没有生锈，闪闪发亮。它们比较统一的特点是粗大。鎏金腰带长1.7米，鎏金手镯口径大过饭碗，粗过大拇指，足足四两不止。可以推测佩戴这些饰品的人体格粗壮，身材高大。根据探测估计，整船文物有6～8万件，足以“武装”一个省级博物馆。

2007年12月22日11时30分左右，深藏于海底800余年的南宋古沉船“南海一号”，在万众瞩目下成功整体打捞出水。中国水下考古工作者为此努力了20年，其成功打捞开创了世界先例。

英国“苏塞克斯”号沉船

1694年，英国国王于1693年签署了一份文件，并于次年派一艘名叫“苏塞克斯”的战舰和12艘护卫舰，前往地中海增援在那里与法国交战的英国部队。这支战舰还有一项不为人知的使命——贿赂奥地利的萨伏伊公爵，让他在战争中站在英国一边，共同对抗当时的法国国王路易十四。萨伏伊公爵是奥地利哈布斯堡王朝最杰出的外籍将领之一，时称路易十四的克星。由于

现代黄金手镯

途中遇到风暴，“苏塞克斯”号在直布罗陀海峡沉没，船上550人只有2人生还。大约10年前，一份偶然发现的官方文件暗示，“苏塞克斯”号上有大量金币。这驱使美国奥德赛海洋探险公司不断追寻这艘沉船的下落。奥德赛公司于1998年开始寻找“苏塞克斯”号，利用声波探测技术，测定了船的具体位置，随后启用电子机器人潜入水下900米深处，对古船残骸进行拍照和取样。经过3年多的努力，奥德赛公司已经打捞出一门船尾大炮、几颗炮弹以及一些铁枪。而且，根据机器人所拍摄的录像，可以依稀分辨出该沉船的船锚与17世纪末英国古战舰的船锚相似。参加探险行动的英国海上考古专家多布森在提交给英国国防部的报告中说，打捞起来的样品表明，奥德赛公司在直布罗陀海峡发现的沉船就是“苏塞克斯”号。奥德赛公司随即与英国政府签订合约，负责打捞这艘沉船。

“苏塞克斯”号战舰

根据奥德赛公司与英国政府达成的协议，如果打捞出来的财宝价值在2 800万英镑以下，奥德赛公司将得到这批财宝的80%作为报酬；如果超过2 800万英镑，双方各得50%；一旦财宝价值达到3.19亿英镑，英国政府的份额就上升到60%。

然而，西班牙不久便要求也从中分得一杯羹。在经过与英国多年的政治较量之后，西班牙终于发放了打捞“苏塞克斯”号的通行证。

2007年3月，西班牙政府和英国政府达成协议，按照协议，两国将共同寻找英国沉船皇家海军“苏塞克斯”号上的货物，西班牙会派遣一队考古学家，全程参与水下考古和打捞工作，如果沉船被证实是“苏塞克斯”号，它将根据国际法承认船体和船上的货物为英国财产。

2007年5月18日，奥德赛公司宣布，他们从大西洋海底一艘古老沉船上，起获重达17吨的殖民时期金银财宝，总价值至少为5亿美元。这是人类有史以来“出水”的最大一笔海底沉船宝藏。但目前奥德赛公司找到的沉船到底是不是“苏

塞克斯”号，还有待进一步考证。

“巴图希塔姆号”

这是一次传奇般的人生旅程，起点是德国一座为建筑公司浇筑水泥柱的噪音刺耳的工厂，终点是世界上许多城市竞标世界上最大宗的8世纪中国珍宝。这一旅程的主人就是47岁的德国人蒂尔曼·沃尔特法恩，他因在从东南亚海域打捞出一批价值连城的中国珍宝后，转眼变成超级巨富。

当年，蒂尔曼·沃尔特法恩听一个印尼雇员讲了沉船故事，说船中可能有珍宝。说者无心，听者有意。沃尔特法恩在得知这个消息后，对这条沉船产生了浓厚兴趣。沃尔特法恩从海底共打捞上6万件物品，

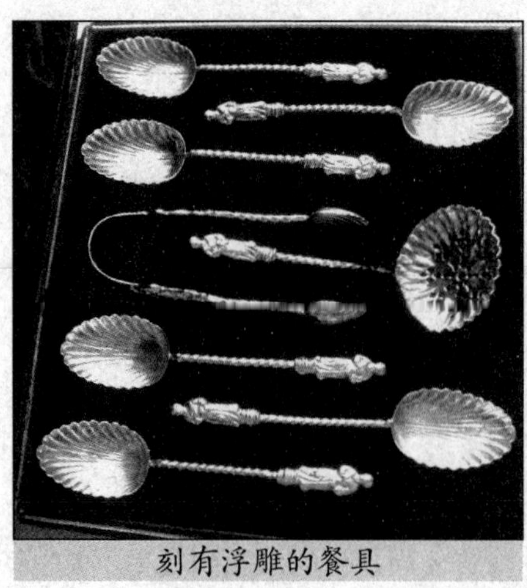

刻有浮雕的餐具

其中包括陶瓷酒壶、茶碗、刻有浮雕的金银餐具。

这些珍贵物品都是产自中国的8世纪陶瓷制品，当时中国唐代的商人将中国的瓷器装上阿拉伯的独桅三角帆船上，然后出口到马来西亚等地。研究表明这艘船可能是在东南亚海域遇暴风雨袭击后，撞到水下暗礁沉没的。考古学家表示，“巴图希塔姆”号沉船（这是沃尔特法恩给自己的海底发现起的名称）向人们展现了无可争辩的事实，那就是在1200年前，中国已经开始发展海上贸易。

西班牙“圣荷西”号

1708年5月28日，一艘西班牙大帆船“圣荷西”号缓缓从巴拿马起航，向西班牙领海驶去，这艘警备森严的船上载满着金条、银条、金币、金铸灯台、祭坛用品等珠宝，这批宝藏据估计至少值10亿美元。当时，西班牙正与英国、荷兰等国处于敌对状态，英国著名海军将领韦格正率领着一支强大的舰队在附近巡逻。然而“圣荷西”号船长费德兹全然不顾，天真地认为大海何其大，难道会这么巧遇上敌舰？6月8日，当费德兹在加勒比海惊恐

地发现前面海域上一字排开的英国舰队时，顿时惊慌失措。猛然间，炮火密布，水柱冲天，几颗炮弹落在“圣荷西”号的甲板上，海水吞噬了巨大的船体。

1983 年，哥伦比亚公共部长西格维亚正式宣布：“圣荷西”号是哥伦比亚的国家财产，不属于那些贪得无厌的寻宝者。人们估计，哥国政府已经勘察出沉船的地点了，尽管打捞费用高达 3 000 万美元，但与这批宝藏相比算不了什么。

纳粹宝船

“二战”期间，希腊的北部港口城市达萨洛尼卡是犹太裔希腊人的聚居地。德军入侵希腊后，一个名叫马克斯·默滕的纳粹盖世太保高级军官向当地的犹太裔希腊人发出威胁，称只有交出自己的钱财，才可以免于被处决或被送往集中营。犹太裔希腊人不得不将自己的财产和宝物倾囊拿出。就这样，价值无从估计的财物珠宝全落入了默滕的腰包。1943 年，德军开始节节败退，

金条也是商船运输的常见物资

纳粹宝船的沉没地希腊

默滕将搜刮来的金银珠宝装上一艘渔船逃走。当船只行驶到希腊达萨洛尼卡海域时，遭遇事故沉没。

1999年，自称"X幽灵"的不明人士声称，他曾和默滕住在一间牢房之中，两人一起度过了两年的铁窗生涯，他得到了默滕的信任，并取得了沉没地点的详细资料。希腊《民族报》率先披露了此事，大多数媒体则称宝藏中有50箱金银珠宝，其价值更达到了惊人的25亿美元。自此打捞工作被提到议事日程上来，并立即引起了各方的关注。可是在接下来的打捞过程中，潜水员们并却没有找到沉船。打捞人员甚至动用了先进的声呐定位系统，但至今依然一无所获。纳粹运宝渔船的准确沉没方位，至今仍是一个谜。

第六章 形态各异的海洋植物—微生物

在辽阔而富饶的海洋里，生活着种类繁多、千姿百态的海洋植物。海藻是海洋植物的主体，是人类的一大自然财富，目前可用作食品的海洋藻类有100多种。在海洋植物中，还有一些海草，以及堪称海洋奇迹的红树林。另外，在微生物中，海洋细菌是海洋生态系统中的重要一环，作为分解者它促进了物质循环，在海洋沉积成岩及海底成油成气过程中，都起了非常重要的作用，让我们一起去认识它们。

神奇的藻类

海洋藻类是生物进化的证据，它供给科学家以证明生物分类上的各门之间的联系。这是怎样的一种生物，它会带给我们惊喜吗？它最终的守候又将归于何处？它又流浪在何方？让我们一起关注。

原绿藻是附生在海鞘上的一种原核生物，以前归于蓝藻类中，而现在我们认为原绿藻是原绿藻门的唯一种。

绿藻

它现在已在许多热带海域分布，包括中国的西沙群岛和海南岛的三亚西洲岛发现。这种原始海藻都与死珊瑚上胶质的海鞘类动物共生，很多年以来，科学家们一直认为所有原核的藻类都属于蓝藻门。

它是单细胞、草绿色，主要聚生在珊瑚礁潮下带上部某些胶质的壳状动物体上，特别是死珊瑚体上的海鞘类。

你知道吗

夜光藻是怎样发光的

夜光藻是一种真核生物，藻体近似于圆球形，有透明的细胞壁，是生长在海洋中具有生物发光特性的甲藻。它的发光特性与其细胞质中含有大量的荧光素有直接关系。夜光藻发光的颗粒是一种拟脂蛋白，呈粉红色，当细胞受到刺激时，发光颗粒就开始收缩而产生淡蓝色的荧光。当夜光藻的数量在每升 200 个时，只能形成微弱的海水发光现象。

在海洋浮游植物中，数量最大的要算是硅藻了。硅藻种类繁多，常见的有圆筛藻、中国箱形藻、太

阳漂流藻、辐杆藻、菱形藻、舟形藻等等。它们都是单细胞植物，外面有细胞壁包裹，里面就是原生质，中间有细胞核。

它们的身体结构特别适合于漂流，能随着海洋四处游荡。它那图案分明的美丽花纹，全都是硅酸盐的沉积物勾画出来的。人类要制造硅酸盐化合物，必须要有一套高温、高压设备，而硅藻却能在常温常压下十分精巧地制作出来，这其中的奥妙怎能不令人称奇？如果你能揭开这个秘密，说不定还会引发一场工业上的技术革命呢！

在法院受理的案件中，有关溺水死亡的案件，往往会围绕着死亡原因和地点不明等问题纠缠不清。其实，碰到这类难解之谜时，只要从死者的胃或腹腔里取出一些水体，再放到显微镜下观察，如果发现有硅藻，就能断定死者是被水淹死的；否则，就另当别论。

硅藻是水中分布最广的一种微体生物，凡是有水的地方都有它的存在，因而溺水死者的胃及腹腔里一定有大量硅藻存在。当然，还有一些更为复杂的案情。例如，有些作案者为了混淆视听，把溺水者从一处水域捞起，又投入到另一处水域以逃脱罪责，这时硅藻最能帮助查清事实真相。因为硅藻的分布随着水域的不同而种类各异，很难在两个不同水域中找到完全相同的硅藻种类。

根据硅藻的这一习性，人们从死者体内所带的硅藻种类就能断定死者溺水的地方。例如，在海里淹死的人，体内有圆藻、三角藻、盒形藻等；而在湖里淹死的人，体内都会有羽纹藻、短链藻、四环藻等。如果把在湖里淹死的人再投入到海里去，企图瞒天过海，那么，就会在小小的硅藻面前原形毕露。

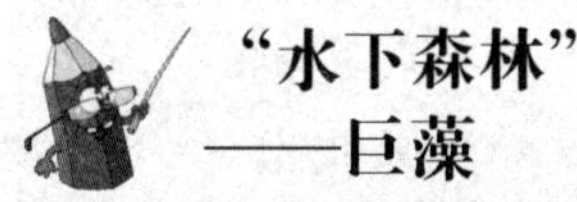

“水下森林”——巨藻

巨藻是海藻中个体最大的一种藻类，人们称它为海藻王。它原是生长在美国加利福尼亚、墨西哥和新西兰沿岸，一般长达数十米，有的可达几百米。修长的身躯，在几十米深的海水里亭亭玉立，随波摇曳，形成繁茂秀丽的“水下森林”。

巨藻生长得很快，每天可以生长 60 多厘米，全年都能生长，每 3 个月收割一次，亩产可达 50 ~ 80 吨。它的寿命也很长，可以生活 12 年之久。巨藻的根有固着作用，叫固着器，一颗大巨藻的固着器直径可达 1 米。巨藻的柄有韧性，可弯

曲，柄上生有许多叶片，叶片长为34 ~ 102厘米，宽6.5 ~ 17厘米。每个叶片有一个叶柄，叶柄中央是一个直径为2 ~ 8厘米，长5 ~ 7厘米的气囊。由于气囊的作用，可使藻体浮在水面，使碧波荡漾的海面呈现出一片褐色，所以还有人把巨藻称为大浮藻。

什么是海藻

海藻是植物界的隐花植物，是生长在海中的藻类。藻类包括数种不同类以光合作用产生能量的生物。一般被认为是简单的植物，主要特征为：无维管束组织，没有真正根、茎、叶的分化现象；不开花，无果实和种子；生殖器官无特化的保护组织，常直接由单一细胞产生孢子或配子，无胚胎。

巨藻的用途十分广泛，在国外用它做生产食物、燃料、肥料、塑料和其他产品的原料。这是因为它含有39.2%的蛋白质和多种维生素及矿物质的缘故。巨藻还可以用来作生产沼气的能源，也可以从中提取碘、褐藻胶、甘露醇等工业产品，同时还为许多经济鱼类提供了繁殖和生活的良好场所。

巨藻的生活能力很强，一般在海面下7 ~ 30米的水层中都可以生

海洋森林——巨藻

长。生长的适宜水温在23℃以下。

身形小巧的丝藻

海洋中有种很小的藻类，那就是丝藻。

丝藻，属于绿藻门绿藻纲，丝藻的植物体是只有一列细胞连接构成的不带分枝的丝状物，它们有的是固定生长的，有的则更愿意随着海水漂浮。圆柱状的细胞里生有一个细胞核，还有一个带状的色素体，可以产生一个或多个蛋白核，同时还有一对或两对等长鞭毛的移动孢子。丝藻主要生长在浅海中。

丝藻是海洋藻类中比较小巧的，丝藻植物的基部都有一个无色的、不能分裂的、不规则的细胞，这是丝藻的固着器。这个固着器是用来把丝藻固定在其他物体表面的，而丝藻的其他细胞不论长短都是呈圆柱状的，并且都可以进行分裂，只要这些细胞进行分裂，丝藻的丝状体就可以延长。丝藻的细胞壁通常为两层结构，同很多植物一样，丝藻细胞的外层多为果胶质结构，而内层则是纤维素构成的。

丝藻身上丝状体的片段可以进行营养繁殖或者产生静孢子，而丝藻的动孢子生有薄壁，有的甚至无壁，它们具有2根或者4根相同长度的鞭毛。

丝藻在有性生殖的时候，会产生同配的、异配的或者卵式的配子，配子相遇形成的合子有的要经过休眠，而有的可以直接萌发，合子萌发的时候要进行减数分裂，在丝藻的整个生活史中，除了合子以外，植物体都是单数倍的。

关于丝藻的分类，专家们有几种不同的分类方法：有的专家认为，丝藻目应只包含不分枝丝状体的丝藻，这是最为狭义的分类方式，但也是采用最为广泛的方式；还有的专家认为，可以将带有分枝的丝状体，例如胶毛藻等，分在丝藻目中；另有一些专家则认为，扁平片叶状体的种类，例如石莼等，也可分入丝藻目。后两种只是部分专家的意见，传统分类学界还是比较遵从第

绿色的丝藻

生命力旺盛的丝藻

一种分类方式的。

丝藻目最具代表性的物种就是丝藻，早在1979年，在中国的西藏就发现了西藏骈丝藻，这丰富了丝藻属的品种类型，也在一定程度上改变了传统分类学家的看法。这种植物体是由两列并列的纵行细胞构成的，这两列细胞最初都是由一个基部细胞一次纵分裂而得来的，而这两个细胞又各自进行数次横分裂，从而形成了这两列纵行细胞，这种西藏骈丝藻与丝藻属的特征非常相似，但是它还有分枝丝状体的特征。

丝藻在淡水和海水中都有分布，它在低温下生长得最好，所以丝藻在冬春两季生长旺盛，而夏秋两季，丝藻的生长就会变得非常缓慢。

海洋坟地——马尾藻

在北大西洋环流中心的美国东部海区，有一片马尾藻海约有3700多千米长、1800多千米宽，如果把北大西洋环流比喻成车轮，那么马尾藻海就是这个车轮上的轮毂。

1492年9月16日，当哥伦布的探险船队行驶在一望无际的大西洋上时，忽然，船上的人们看到在前方有一片绵延数千米的绿色“草原”。哥伦布欣喜若狂，以为印度就在眼前。于是，他们开足马力驶向那片“草原”。当哥伦布一行人驶近草原时，大失所望，因为那片“草原”只是一望无际的海藻而已。

马尾藻

马尾藻是褐藻的一种。藻体分固着器、茎、叶和气囊四部分。固着器有盘状、圆锥状、假根状等。主干圆柱状，长短不一，向四周辐射分枝；分枝扁平或圆柱形。藻叶扁平，多数具有毛窝。气囊呈圆形、倒卵形或长圆形。雌雄同托或不同托、同株或异株。多生在近海中，可做饲料，又可用来制褐藻胶和绿肥。

马尾藻海素有“海上坟地”和“魔海”之称。这是因为许多经过这里的船只，不小心就会被这些海藻缠绕，而且无法脱身，致使船上的船员因没有食品和淡水，又得不到救

助，最后饥饿而死。那么为什么会出现这种情况呢？

马尾藻海一年四季风平浪静，海流微弱，各个水层之间的海水几乎不发生混合，所以这里的浅水层的营养物质更新速度极慢，因而靠此为生的浮游生物也是少之又少。这样一来，那些以浮游生物为食的大型鱼类和海兽几乎绝迹，即使有，也同其他海区的外形、颜色不同。相反，这里却成为马尾藻的“天堂”，上百万吨的马尾藻在这里肆意地生长，形成了一片辽阔的“海上大草原”。

马尾藻海除了蔚为壮观的“海上草原”之外，还有许许多多令人费解的自然现象。马尾藻海位于大西洋中部，形状如同一座透镜状的液体小山。强大的北大西洋环流像一堵旋转的坚固墙壁，把马尾藻海从浩瀚的大西洋中隔离出来。因此，由于受海流和风的作用，较轻的海水向海区中部堆积，因此马尾藻海中部的海平面要比美国大西洋沿岸的海平面平均高出 1 米。

优质的饲料：马尾藻

那么马尾藻海究竟是怎样形成的呢？如果把大西洋比作一个硕大无比的盆，北大西洋环流就在这盆中做圆形运动。但马尾藻海则非常安静，所以许多分散的悬浮物都聚集在这里，海上草原就是这样形成的。马尾藻海里的马尾藻究竟是怎么来的，人们还没有找到一个肯定的答案。有的海洋学家认为，这些马尾藻类是从其他海域漂浮过来的。有的则认为，这些马尾藻类原来生长在这一海域的海底，后来在海浪作用下，漂浮出海面。

最令人称奇的是，这里的马尾藻并不是原地不动，而是像长了腿似的时隐时现，漂泊不停。一些来往于这一海区的科学家经常会遇到这样的怪事：他们有时会见到一大片绿色的马尾藻，然而过了一段时间，却不见它们的踪影。在这片既无风浪又无海流的海区，究竟是何种原因使这片海上的大草原漂泊不定呢？这仍需科学家做进一步研究。

含碘冠军——海带

海带，又叫昆布、江白菜，是大家很熟悉的一种海藻类植物。它

们生活在低温海水中，为大型海生的褐藻类大叶植物。海带之所以得名，是因为它们在海水中生长，并且宽大的叶子柔韧似带。

海带属于褐藻门、褐子纲、海带目、海带科、海带属。海带的藻体为褐色的长带形，质地看起来好像皮革一样，海带的长度约为 5 米左右，宽度为 25 厘米左右。海带的藻体可以很明显地区分为固着器、柄部和叶片三部分。海带的固着器是假根状的，形状和作用跟陆生植物的根部很像，海带的柄部呈又粗又短的圆柱形，在那柄的上部，是宽大的形如长带子的叶片。叶片的中央部分都有两条互相平行的浅沟，中间的部分为中带部，这部分的厚度有 2 ~ 5 毫米，它们中带部的两

人工养殖的海带

美味的海带

边比较薄，并且还有波状的褶皱。

海带的繁衍有明显的世代交替现象,藻体的孢子囊会释放游孢子，游孢子固着之后会萌发形成配子体，这些生成的配子体的卵囊和精囊会放出卵子和精子，卵子和精子会互相结合形成合子，合子经过细胞分裂萌发成幼孢子体，这些幼孢子体则会发生无性繁殖，长成海带。

海带中有丰富的碘质和其他的营养物质，对人的身体非常好，所以海带被称为“长寿菜”和“含碘冠军”。

海洋蔬菜——紫菜

紫菜，又叫海苔，属于红藻门、原红藻纲、红毛菜目、红毛菜科、紫菜属。紫菜的外形非常简单，它们大致是由盘状固着器、叶片和柄几部分组成的。固着器同其他藻类的固着器差不多，都是假根状。叶

片是由单层细胞（当然也有少数种类的紫菜是由双层或三层细胞）构成的膜状体。而且由于种类因素，造成紫菜的体长由几厘米至几米不等。叶状体由存在于薄薄的胶质之下的细胞构成,里面含有胡萝卜素、叶黄素、藻红蛋白、藻蓝蛋白和叶绿素等多种色素，由于这些色素含量比率有一定差别，所以不同种类的紫菜所呈现的颜色也不同。

规模庞大的紫菜养殖

紫菜

紫菜是一种生长于浅海岩石上的藻类植物，紫菜呈现紫红、棕红、蓝绿等颜色，姹紫嫣红，特别好看，其中以紫色为多，所以紫菜因而得名。紫菜富含蛋白质以及碘和多种维生素，并且味道鲜美，常常食用可以治疗甲状腺肿大症并降低胆固醇，既可食用，又可药用，所以紫菜是一种经济效益很好的海藻。

紫菜喜爱在潮间带生长，对浪大而营养盐丰富的海区特别青睐。它的耐干性非常强，适合较强的光照，紫菜具有光补偿点低和光饱和点高的特点，产量非常高，对低温适应性也是会变化的，这变化跟紫菜藻体水分含量的多少有关。但是丝状体的耐干性很差，要求光照不能太强，因此就在低潮线下分布。

紫菜的生活史是由两个截然不同的形态阶段构成的。这两个形态阶段分别是叶状体形态和微小的丝状体形态,叶状体会进行有性繁殖。它们的雌、雄性细胞都是由营养细胞转化而来的，其中的雌性细胞在受精之后，形成果孢子，孢子成熟以后会离开紫菜藻体并游离于海水中，它们在海水中漂泊，最后依附在石灰质的贝壳等物上，并在此处萌发，然后钻入壳中生长。成长的过程中先形成丝状体，丝状体不断生长，并产生出壳孢子囊枝，在此基础上再进行分裂长出壳孢子。壳孢子放出来之后就会依附在岩石、木桩、网帘上进行萌发，萌发过程中会长成叶状体。当然也有些紫菜的叶状体还能进行无性繁殖。那些

用紫菜做成的寿司

营养细胞所转化出的不是雌雄性细胞，而是单孢子，单孢子放出后会附着岩石等直接成长出叶状体。单孢子养殖生产和果孢子养殖生产都是渔业养殖中的重要方式。

紫菜这种非常重要的“海洋蔬菜”，其收获的方式有些像韭菜，它们生长成熟后可以反复收割，第一次收割的紫菜叫作第一水，第二次收割的紫菜叫第二水，其中第一水的紫菜又名初水海苔，口感细腻而且营养丰富，是非常好的滋补佳品。

海藻之王——裙带菜

裙带菜为温带性海藻，它能适应较高的水温。我国自然生长的裙带菜主要分布在浙江省的舟山群岛及嵊泗岛。但现在青岛和大连地区也有裙带菜的分布，实际是早年先后从朝鲜和日本移植过来的。

裙带菜

裙带菜是褐藻的一种，属温带性海藻，能适应较高的水温。裙带菜中含有多种营养成分，据初步分析每百克干品中含粗蛋白11.6克，精脂肪0.32克，糖类37.81克，灰分18.93克，还含有多种维生素，粗蛋白质含量高于海带，其味道也超过海带。裙带菜不仅是一种可食用的经济褐藻，而且还可作综合利用提取褐藻酸的原料。

裙带菜的孢子体呈黄褐色，外形很像破的芭蕉叶扇，高2米，宽50 ~ 100厘米，明显地分化为固着器、柄及叶片三部分。固着器为叉状分枝的假根组成，假根的末端略

新鲜的裙带菜

粗大，以固着在岩礁上，柄稍长，扁圆形，中间略隆起，叶片的中部有柄部伸长而来的中肋，两侧形成羽状裂片。叶面上有许多黑色小斑点，为黏液腺细胞向表层处的开口。内部构造与海带很相似，在成长的孢子体柄部两侧，形成木耳状重叠褶皱的孢子叶，成熟时，在孢子叶上形成孢子囊。裙带菜的生活史与海带很相似，也是世代交替的，但孢子体生长的时间较海带短，接近一年（海带生长接近两年），而配子体的生长时间较海带长，约 1 个月（海带配子体生长一般只有两个星期）。

日本的裙带菜栽培历史悠久，在裙带菜的营养和与人类健康的关系研究方面居于世界领先水平。其实日本早在公元前就开始食用海藻，这从出土的贝冢遗迹的发掘中得到充分的证实。另外，位于日本北九州市的裙带菜神社和北九州市对岸下关市的住吉神社现在仍然保留着在每年春节那天清晨，神社的主持步入海中举行裙带菜收获的仪式，并将收割的裙带菜在神前供奉后宣布裙带菜收获季节开始的传统。

日本著名的藻类生物化学专家，西泽一俊多年来一直从事海藻的营养、药理及与人类健康关系的研究，他的著作《海藻之王——裙带菜》一书通过大量的调查结果和实验数据，阐述了裙带菜的营养价值和药用价值，特别在预防和治疗高血压、成人疾病等方面的特殊功效做了科学的论述，并列出了科学的裙带菜食用方法，是一本集裙带菜基本知识、营养价值、药效及其机理介绍为一体的好书。

其他美味丰富的海中蔬菜

1. 羊栖菜

羊栖菜也叫“长寿菜”，在国外羊栖菜受到人们的青睐，尤其是日本民众对它很是青睐。羊栖菜的颜色以黄褐色为主，肥厚多汁，高 15 ~ 40 厘米，有的可达 2 米以上。羊栖菜叶状体的变异很大，形状各种各样。一般都生长在低潮带岩石上，大部分分布在我国沿海一带。

羊栖菜性味甘咸寒，含有丰富的蛋白质、糖类、生物钙以及各种维生素，对防治甲状腺肿大、高血压、风湿病、大肠癌以及消除大脑疲劳、促进皮肤光滑等均有显著疗效。在很早以前的《神农本草经》和《本草纲目》中就称羊栖菜有瘿瘤结气、利小便、消水肿与宿食不化等功效。可见在我国的古代，祖先们就深谙羊栖菜的药理之道。到了现代，羊

渔民收获羊栖菜

栖菜可作为治疗风湿病用的含脂多糖药物；制成逆转录酶抑制剂；治疗消化道溃疡用的植物和微生物脂多糖；抗疱疹药；胆固醇下降剂；抗糖尿病剂以及治疗弓形体感染用的脂多糖。

另外羊栖菜藻体还含有丰富的褐藻胶、甘露醇、碘等，它们均可作为工业原料。食用方法主要为炒制，可制成调味品和海藻凝胶食品。

此外，化工上用的羊栖菜可作为香皂原料的添加剂和家具板的黏合剂。

2. 石花菜

石花菜也叫海冻菜、红丝、凤尾等，是红藻的一种。它通体透明，犹如胶冻，口感爽利脆嫩，既可拌凉菜，又能制成凉粉。另外，石花菜可以改善便秘，石花菜能在肠道中吸收水分，使肠内容物膨胀，增加大便量，刺激肠壁，引起便意。所以经常便秘的人可以适当食用一些石花菜。石花菜含有丰富的矿物质和多种维生素，尤其是它所含的褐藻酸盐类物质具有降压作用，所含的淀粉类硫酸酯为多糖类物质，具有降脂功能，对高血压、高血脂有一定的防治作用。中医认为石花菜能清肺化痰、清热燥湿、滋阴降火、凉血止血，并有解暑功效。

此外，石花菜还是琼脂的主要原料，大量用作细菌培养，石花菜还是制造琼胶的原料。琼胶是多糖体的聚合物，有抗病毒的性质。琼胶经磺酸化后的磺酸化多糖体可抑制脑炎病毒。

红藻

红藻生长在大约50亿年前的海洋里，形状如叶片。质体中除了含有叶绿素和黄色素外，还有大量藻红素，所以呈现红色。

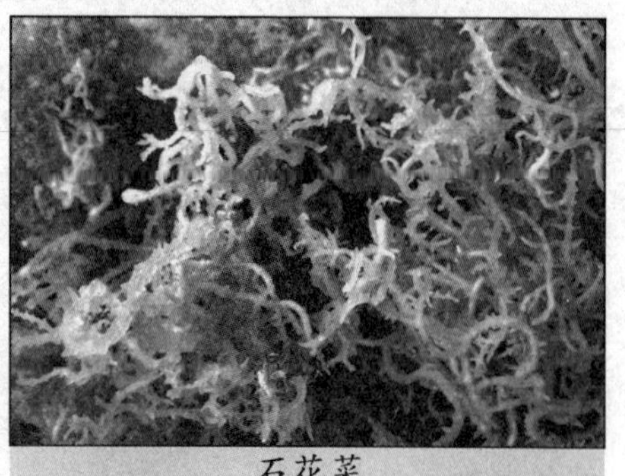
石花菜

海边香草：江蓠

3. 香草江蓠

江蓠现在也叫石花菜，但是和上面所说的石花菜不是一个种类。福建一带称海面线、棕仔须，广东称粉菜、海菜、蛇菜、沙尾菜。主要生长在广东、广西等南方沿海。采收江蓠在两广从3月开始，福建沿海要推迟一个月才开始收获。

江蓠的藻体呈圆柱形、线形分枝。分枝互生、偏生，其基部稍有缢缩（这是鉴定不同品种的特征）。每株基部为小盘状固着器，主枝较分枝粗，直径一般为0.5～1.5毫米，大的可达4毫米，株高10～50厘米，高的可达1米，人工养殖的更高。藻枝肥厚多汁易折断。颜色有红褐色、紫褐色，有时带绿或黄色，干后变为暗褐色、藻枝收缩。

你知道吗

江蓠其实是一种香草，据《辞书》解释："苗似芎藭，叶似当归，香气似白芷。"另外江蓠体内充满藻胶，含胶量达30％以上，是制造琼胶的重要原料之一。它广泛应用于工、农、医业，作为细菌、微生物的培养基。沿海群众用其胶煮凉粉食用，也可直接炒食。煮水加糖服用，具有清凉、解肠热、养胃滋阴的功效。

4. 石莼

石莼也叫海白菜、海青菜、海莴苣、绿菜、青苔莱、纶布，是一种比较常见的海藻。它呈片状，近似卵形的叶片体由两层细胞构成，高 10 ~ 40 厘米，颜色为醒目的鲜绿色。根部固着在岩石上，生活在海岸潮间带，可供人类食用。一般是在冬春季节采收，鲜食或漂洗晒干。

石莼性味甘咸寒，具有软坚散结、利水解毒等功效。用于喉炎、颈淋巴结肿大、水肿等病症。另外石莼干品每百克含水分 11.5 克，蛋白质 3.6 克，粗纤维 6.69 克，还含有维生素、有机酸、矿物质、麦角固醇等成分。

在一些地方很流行喝石莼汤，其实做法很简单，把石莼 30 ~ 60 克，加水煎汤服用，据说可以起到清热利尿的作用。另外在家庭中，石莼也被用作清凉剂。

石莼

5. 营养丰富的海蕴

海蕴在我国沿海一带都有分布，主要生长在平静的内湾、低潮线下。常缠绕附着在马尾藻属的多种藻体上。

美丽的海蕴

海蕴藻体丝状线形，极黏滑，浅褐色或黄绿色，成体逐渐变为黄褐色或暗褐色，高 10 ~ 15 厘米，有时候会更长。皮层由单列或略分枝的同化丝组成，略弯曲，通常由 10 ~ 15 个细胞组成，根部常长出无色的毛。

海蕴气微腥，味咸。它的营养价值很高，不仅含有丰富的蛋白质、碳水化合物、脂肪、无机盐、维生素、

膳食纤维，还有大量的氨基酸、有机碘、钙磷硒和卵磷脂、维生素E等，都具有降低胆固醇的作用。

6. 珍贵的海木耳

海木耳，一听名字就知道它是产于海洋之中。海木耳确切地说是产在海洋深处，是一种野生藻类植物，颜色有红褐、黄绿或黄褐色，质地为革质，叶呈叉状的分枝，有像鹿角状的外观。

可口的海木耳

海木耳富含人体所需的多种营养成分，它既含有陆地可食性植物的所有营养成分：蛋白质、维生素、纤维素及钙、铁等多种微量元素，又含有海洋独有的20多种营养成分：藻朊酸、藻聚糖、岩藻固醇EPA（不饱和脂肪酸）等，被日本人誉为“长寿菜”，被欧美等国称之为“海洋蔬菜之首”。

据说如果经常食用海木耳的话可提高人体免疫功能，促进脂肪代谢、降血脂、降血压、软化血管，是抗细胞癌变的天然食品。但是因为海木耳生长在海底，没有任何污染，又因为它采集困难，所以比较珍贵。这样我们就不难理解海木耳为何没有成为大众化的“海洋食品”了。

7. 经济海藻——角叉菜

角叉菜，主要分布在大西洋沿岸和我国东南沿海以及青岛、大连等海域，是中国的一种重要经济海藻。角叉菜不仅是卡拉胶生产的重要原料，而且近年来越来越多地应用于医药领域，引起人们的广泛关注。

角叉菜的藻体形态及大小变异极大。不过它们的藻体都是以紫红色为主，片状，多分枝，呈扇形，长度大约是7厘米，比较软，在主枝根部呈扁圆柱形，上部是扁平，具有2～7次叉状分枝。囊果是椭

角叉菜

圆形，在藻体的一面突出，相对面下陷，对着日光观察，可见中央部分较暗，四周呈半透明环状，形似眼球。气微腥，味道有些咸。

深海守护神——海草

海草生活于热带和温带海域浅水中的单子叶植物，不包括咸淡水生的类型，也就是说海草是只适应于海洋环境生活的水生种子植物。

海草世界

根据相关人士的观点，海草具备四种机能以适应其海生生活：（1）具有适应于盐介质的能力；（2）具有一个很发达的支持系统，来抗拒波浪与潮汐；（3）当完全为海水覆盖时，有完成正常生理活动以及实现花粉释放和种子散布的能力；（4）在环境条件较为稳定的情况下，具备与其他海洋生物竞争的能力。

海草的一个重要特征是适应于海洋浅水海岸带，一般在潮下带浅水6米以上（少数可深达50米）的环境。海草适生于近海浅水域和河口海湾环境，普遍生长在珊瑚礁泻湖和大陆架（暗礁）的浅水里，在淡水区完全不存在。海草多数种类分布在东半球的印度洋和西太平洋地区，部分种类分布在西半球加勒比海地区。

海底草场的重要作用

海洋中生长的植物除了低等植物——海藻外，还生长着一类高等植物——海草。海草是一类具有根、茎、叶分化的有花植物，大部分的外观形态比较相似，都有长而薄的带状叶子，如分布在温带的川蔓藻、大叶藻，以及分布在热带的泰来藻等，它们形成了生物量很大的海底草场。

海草的根系非常发达，它可以抵御风浪对近岸底质的侵蚀，对海洋底栖生物具有重要的保护作用。同时，通过光合作用，海草能吸收大量的二氧化碳，释放出氧气溶于水体，对水体中的溶解氧起到补充

作用，改善鱼类的生存环境。更重要的是，它能为鱼、虾、蟹等海洋生物提供良好的栖息地和隐蔽场所。

海草在海洋生态环境中的作用非常重要，如改善了水的透明度，控制浅水水质；是许多动物的直接食物来源；为许多动物种类提供了重要的栖息地和隐蔽保护场所；栖息着许多重要的底栖生物；抗波浪与潮的能力，是保护海岸的天然屏障。海草的根使之能利用沉积物中所存在的含量较高的营养物质，而这些营养物常常无法被该生态系统中的其他初级生产者所利用。海草代表最大的贡献是固碳作用，海草通过其高生产力建立很大的碳储备，在热带地区，这些碳储备被食草动物如海龟、鸟类和海洋哺乳动物利用。碎屑食物链通常被认为是来自海草的主要能量源流动的途径。据国际上的研究结果，海草的经济价值远高于红树林和珊瑚礁的经济价值。

海草作为一种生长在水下的水生植物，由陆生植物演变而来。海草是唯一淹没在浅海水下的被子植物，其花在水下结果，然后再发芽。全世界的海草包括 12 个属，约 50 个种，这些植物广泛分布于温带和热带的海岸带水域，并且是常常受到自然原因和人为原因严重干扰的群落生境。它们偏爱的生境主要是流动有限的沿海泻湖、河口和海湾。在热带和亚热带地区，海草场与红树林和珊瑚礁一样，是三大典型海洋生态系统。海草场是生物圈中最具生产力的水生生态系统之一。

清澈的河底水草

和陆生植物一样，海草也有根茎叶的分化，海草还会开花和结果，其也是通过光合作用以获得自身生长所需能量的初级生产者。但是海草和陆生植物也有显著的不同，海草没有强壮的茎秆，它们的叶只需海水浮力的承托就足以抵挡波浪的冲击。

从海草的形态学和生活习性来看，它们有时候更像海里的大型藻类，但是只要细心观察，两者之间有着极大的差异。从生理结构上看，海草更接近于陆生植物，它们有完

善的结构分化,而大型藻类却没有。大型藻类通常通过假根附着于海底或其他一些固定于海里的物体，而海草有真正的根，它们通过根固定于海底，并通过根吸收沉积物里面的营养物质和生长所需的矿物质。从光合作用来看，大型藻类的所有细胞都可以进行光合作用，而海草只有叶绿体，因而海草的光合作用只能够通过叶进行。此外，大型海藻可以通过营养盐和矿物质的扩散作用而直接从水体中获得这些物质，而海草只能够通过木质部和韧皮对这些物质进行传输。最后，大多数的大型海藻没有繁殖器官，而海草能够很好地进行有性繁殖。

海草场的存在改善了周围的环境，为周围的居民提供了便利或福利。海草场的存在对净化水质、减少岸堤维护费用、增加海草场及其近海的渔业资源有着极大的作用。海草通过吸收周围海水中的氮、磷等营养元素而达到净化水质的效果，从而避免赤潮的发生。海草场为鱼、虾、贝类等生物提供庇护场所、栖息场所，提供食物，使海草场中的渔业资源特别丰富，此外海草场也是许多经济鱼类孵育幼鱼的好场所。海草场的存在不但对其中的渔业资源有很大的贡献，而且对其附近海域的渔业也有很大的贡献。海草场中的经济动物在海草场中孵卵、生长以及生活。其幼体长大后可能游到附近的海域生活，这就为附近的海域增加了渔业资源。海草的存在可以抵挡住部分风力，减弱风力，保护海堤。

海草作为海洋生态系统的重要组成部分之一，除了能为人类带来可视的经济价值之外，还有一些不可见的价值，例如海草丰富了人类的精神世界，增加了审美乐趣等等，这些作用所带来的价值是很难用金钱来衡量的。

碧海绿洲——红树林

红树林是至今世界上少数几个物种最多样化的生态系之一，生物资源量非常丰富，如广西山口红树林区就有 111 种大型底栖动物、104 种鸟类、133 种昆虫。广西红树林区还有 159 种和变种的藻类，其中 4 种为我国特有种。这是因为红树以凋落物的方式,通过食物链转换，为海洋动物提供良好的生长发育环境,同时,由于红树林区内潮沟发达，吸引深水区的动物来到红树林区内觅食栖息、生产繁殖。由于红树林生长于亚热带和温带，并拥有丰富的鸟类食物资源，所以红树林区是

候鸟的越冬场和迁徙中转站，更是各种海鸟的觅食栖息、生产繁殖的场所。

红树林是热带、亚热带河口海湾潮间带的木本植物群落。以红树林为主的区域中动植物和微生物组成的一个整体，统称为红树林生态系统。它的生境是滨海盐生沼泽湿地，并因潮汐更迭形成的森林环境，不同于陆地森林生态系统。热带海区60%～70%的岸滩有红树林成片或星散分布。

在我国南方沿海某些地区的海滩上，生长着大片的红树林。每当海水涨潮淹没海滩时，这些茂密的红树林就好像漂浮在海面上的绿洲，所以有人称为“碧海绿洲”。

红树林大都生长在气候炎热，温度变化小，雨量丰富而均匀的地区。在我国，主要分布在广东、福建和台湾沿海一带。它们不仅喜欢炎热的气候，而且喜爱风平浪静的环境。在开阔的海岸，它经不起长期风浪的侵袭，因此通常在湾头、溺谷或有岛屿沙洲作屏障的曲折地区生长良好。

红树林都是盐性植物，叶厚，多为肉质，表皮角质化，有光泽。它们有根、茎、叶，和陆地上的树木相似。为了适应海潮和风浪，它

海上红树林

们在树干上长出许多支柱根（也叫呼吸根）垂入地下。这些交叉的根系还使水流和波浪在林内迅速减弱，从而使水流带来的物质较快地沉积下来，使海滩迅速扩展和增高。

红树林

红树林是生长在海水中的森林。它们的根系十分发达，盘根错节地屹立于滩涂之中。它们具有革质的绿叶。涨潮时，它们被海水淹没，或者仅仅露出绿色的树冠，仿佛在海面上撑起一片绿伞。潮水退去，则成一片郁郁葱葱的森林。

红树林靠种子繁殖，但又不同于陆地的树木种子。它的种子是“胎生”，就是说种子成熟后，不放出来，也没有休眠期，而是悬挂于母体上发芽，从母体获得养分，长成幼苗。当幼苗长到一定长度以后，开始脱离母体，借助本身的重量下落插入污泥中。在数小时内，其下端即长出侧根，将幼苗固着于污泥中并吸收养料。上端长出枝和叶。大多数幼苗由母树坠落在水中时，常被海潮携带漂浮到另外地方，到达适宜生活的地点后，就在那里安家落户，发育成子树。

红树林的用途很广，能防风、防浪、增加海滩面积。树皮和根内含有丰富的丹宁，可作鞣料供制皮革用。枝、叶煮汁可代替奎宁服用。有的果实味甜可食，汁可酿酒。

红树林可使海岸带土地稳定，避免水土流失；调节气候，净化空气，美化环境。红树林是鸟类栖息的天堂，是鱼、虾、蟹、贝的乐园。红树林能把海水中的沉淀物固定起来，加上落叶、鸟粪等腐殖质的聚集，天长日久便形成了新的小岛或陆地。红树根从海底土壤汲取养分，而它的腐烂枝叶又作为鱼、虾的饵料。红树林还为海边的鸟类、鱼、虾和蟹提供了生息繁衍的场所，成为维持海岸生态平衡的基地。

深海神木——海柳

在南沙群岛，渔民们经常在深海里钓鱼时钩上一枝枝海树，有的有拇指粗，有的比拇指还粗，这些海树呈褐黑色，叶片细小，枝条很多，人们把这种海树叫海柳。这是一种海藻，生长在较深的海里，多得像延绵数千米的树林。这种海柳可以提炼出一种工业用胶，并且还是一种特殊的烟斗材料。

在三亚和广州工艺品的橱窗

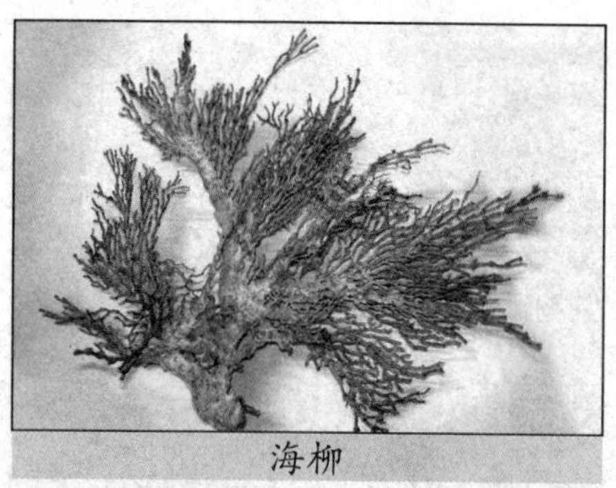
海柳

里，人们经常被一些海柳做的烟斗所吸引。这些烟斗造型奇特，结构新颖，有的上面刻着花鸟走兽，有的雕着“松鼠葡萄”“松柏鹤”，还有“猴子偷寿桃”……一个个形态逼真、栩栩如生。三亚工艺品商店，有一支“龙吐珠”的烟斗格外引人注目，整个烟斗上雕刻着一条气势雄伟、扬鳞舞爪、峥嵘吐珠的云龙，似乎要腾空而起，博得许多参观者的赞叹。

海柳做的烟斗，不仅工艺精美，色泽秀丽，更重要的是这种烟斗不会烧焦，吸烟时会感到特别清凉爽口，还有一股淡淡的香气，因此备受人们喜爱。

各种各样的海柳烟斗

海柳被台湾人称为“台湾海峡神木”，因为它藏于深海中，不易采伐。海柳属海生植物铁树科，寿命可达千年。它以吸盘紧固在海底礁林间，高达数百米，酷似陆地柳树，因此叫海柳，其木质坚韧耐腐，有“铁木”之称。

海柳做成的手镯

海柳用途广泛，浑身是宝。成片的海柳是海洋生物的保护伞。在福建东山岛海域，潜水员在海底发现一件稀奇的事，在一丛海柳伞下，栖息着一只老海龟。更令人奇怪的是，渔民发现，每当海柳林上面海水变混浊，并伴有轰轰低回声，海上准要变天，当地渔民说：“海柳是自然气象观测区”。

海柳的耐腐力是惊人的。1958年在东山岛发掘出一座宋代古墓，其中有不少是海柳雕刻的手镯、酒

具，滑溜锃亮，光可鉴人。再如福州鼓山涌泉寺的海底木供桌是康熙丙辰年元旦放在寺内的，历经沧桑，至今，“火焚不损，水渗不腐”。

海柳还是一种药材，是杀菌、治疗单纯甲状腺的妙药。海柳也能治高血压，民间把海柳放嘴里咬碎，跟唾沫一块涂在淤血伤处，可加快伤口愈合。在水族馆的一些水箱里，放几枝海柳，能起到净化、消毒作用，延长换水周期。

奇特的细菌与真菌

1. 平衡生态的海洋细菌

海洋细菌是微小的不含叶绿素和藻蓝素的海洋原核单细胞生物。它们是海洋中的低等微生物，是海洋微生物中分布最广、数量最多的一类生物。海洋细菌的种类繁多，包括自养和异养、光能和化能、好氧和厌氧、寄生和腐生、浮游和附着等类型的细菌，最常见的有弧菌属、无色杆菌属、黄杆菌属、螺菌属、假单胞菌属、微球菌属、八叠球菌属、芽孢杆菌属、棒杆菌属、枝动菌属、诺卡氏菌属和链霉菌属等十多个属。海洋细菌的个体直径一般在1微米以下，形状有球状、杆状、螺旋状分枝丝状等。海洋细菌对维持海洋

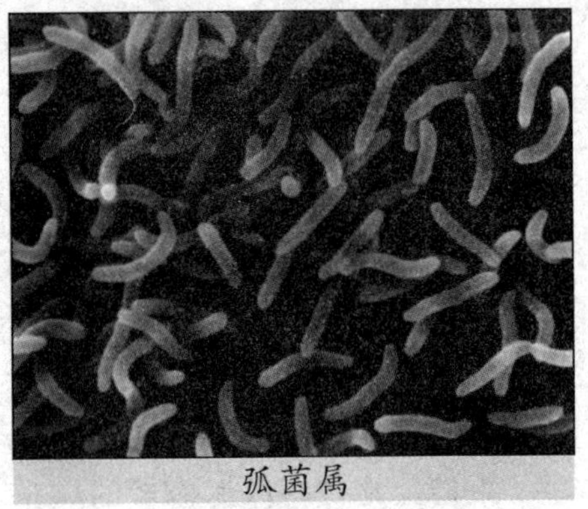

弧菌属

的生态平衡起着重要的作用。海洋细菌参与海洋物质分解和转化的全过程，海洋细菌分解有机物质的终极产物，如氨、硝酸盐、磷酸盐以及二氧化碳等，都直接或间接地为海洋植物提供营养，海洋细菌自身增殖的生物量，也为海洋原生动物、浮游动物以及底栖动物等提供直接的营养。

植物要靠光合作用来生存和繁殖，要吸收海水中的养料盐类来维持生活。在海水中的氮、磷元素少到一定程度时，光合作用就无法进行，植物就难以活命。假如养料盐类得不到补充，那海洋生物也要因缺食而绝迹了。因为有庞大的细菌群休存在，因此这种事情就不会发生。因为这些细菌有严密的分工，各司其职——腐败细菌把动植物尸体分解成氨和氨基酸，硝化细菌的职责是将氨和氨基酸氧化成为硝酸盐，硝酸盐是浮游植物制造有机物

必须吸收的营养物质。在这个“化工厂”里还能生产出动植物需要的磷酸盐和大量植物需要的二氧化碳、氨和水。细菌还参与海洋的化学变化，使一些化合物沉到海底。因此，海底沉积物的性质和分布，与细菌大有关系，尤其是海底石油，要是没有细菌的活动是无法形成的。

细菌还能利用酶这个惊人武器，帮助动物消化。许多动物肠道里，1毫升食物中就有几百万个细菌，形成庞大的“食品加工厂”。可见细菌这种小生物，是海洋中不可或缺的成员。

2. 营养餐厅——海洋真菌

海洋真菌是具有真核结构、能形成孢子、营腐生或寄生生活的海洋生物。它们是海洋中的高等微生物，多为多细胞生物，形状为菌丝状，营养方式为吸收式。海洋真菌种类相对较少，共约有500种，主要分为丝状高等海洋真菌、海洋酵母菌、海洋藻状菌三大类，其中高等海洋真菌又分有子囊菌、担子菌和半知菌三小类。根据海洋真菌的栖生习性，又可将其划分为木生真菌、寄生藻体真菌、红树林真菌、海草真菌和寄生动物体真菌五类。

海洋真菌在海洋食物链中占有重要位置。海洋真菌不仅可为海洋植物提供营养，为海洋动物提供饵料，而且它还能够降解海洋环境中的污染物，促进海洋的自净。海洋真菌具有一定的经济价值，利用海洋真菌可制成廉价的微生物碎屑混合物，用作水产养殖中的饲料。但海洋真菌的危害性也较大，低等海洋真菌是引起海洋鱼类和无脊椎动物病害的重要致病菌，某些海洋真菌能引起海洋植物的病害，导致海洋植物死亡。此外，海洋真菌对港口设施、防波堤、堰堤中的木质结构和其他纤维材料等具有较大的腐蚀性。

3. 星星之光——发光杆菌和射光杆菌

它们是一群海洋中的时尚达人，喜欢把自己打扮得漂漂亮亮；它们是海洋中一群低调者，总喜欢把美丽藏在深处；它们是一群微不可见的生物，总是难觅踪影，它们就是海洋中的发光杆菌和射光杆菌。它

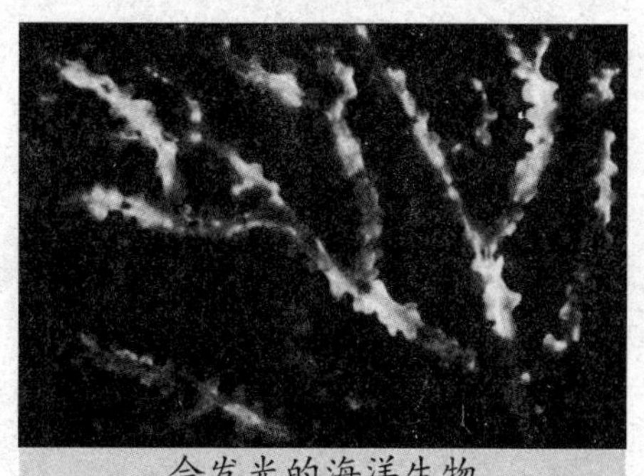
会发光的海洋生物

们不仅在海洋中有分布，同样也出现在陆地上。

发光杆菌属主要分布于海洋环境和海生动物的消化道中；也发现有的种类可作为海鱼的特殊发光器官的共生体。

你知道吗

海洋的硝化细菌

硝化细菌是一种好氧性细菌，包括亚硝化菌和硝化菌。生活在有氧的水中或砂层中，在氮循环水质净化过程中扮演着很重要的角色。硝化细菌属于自养性细菌，包括两种完全不同的代谢群：亚硝酸菌属及硝酸菌属，它们包括形态互异的杆菌、球菌和螺旋菌。亚硝酸菌包括亚硝化单胞菌属、亚硝化球菌属、亚硝化螺菌属和亚硝化叶菌属中的细菌。硝酸菌包括硝化杆菌属、硝化球菌属和硝化囊菌属中的细菌。

安能辨我是雌雄——蓝细菌

蓝细菌是一类低等生物，有人把它归为微生物中的细菌，也有科学家认为应该归为低等植物，应为蓝藻。至今在分类上还存在归属问题。它是一类进化历史悠久、含叶绿素和藻蓝素（但不形成叶绿体），能进行产氧性光合作用的大型原核微生物。它包括许多种类。

蓝细菌在植物学和藻类学中被归为蓝藻门。

由于它的细胞结构简单，只具原始核，没有核膜和核仁，只有拟核，具有叶绿素和藻蓝素，没有叶绿体，因此是一类原核生物。它对于研究生物进化有重要意义。

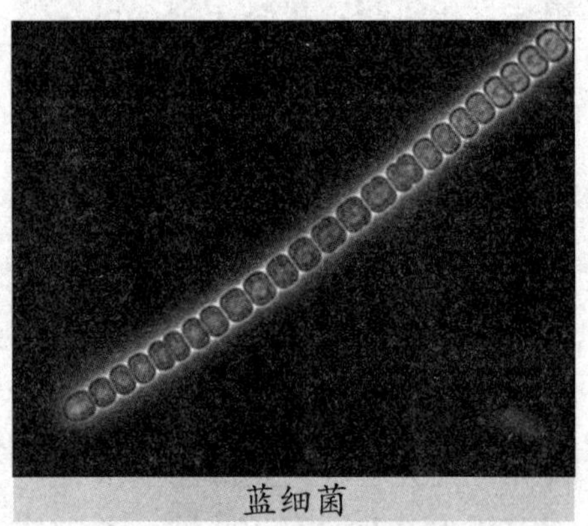

蓝细菌

蓝细菌是一种相当古老的生物，在大约50亿年前，地球本是无氧的环境，使地球由无氧环境转化为有氧环境，是由于蓝细菌出现后进行光合作用产氧所致。

蓝细菌分布非常广泛，从热带到两极，从海洋到高山，到处都可以看到它们。它对很多环境都能适应，在土壤、岩石甚至在树皮或其

他物体上均能成片生长。

许多蓝细菌生长在池塘和湖泊中，并形成菌胶团浮于水面。

但是有的在80℃以上的热温泉、含盐多的湖泊或其他极端环境中，也是占优势的或者是唯一能进行光合作用的生物。

蓝藻是最早的光合放氧生物，对地球表面有氧环境起了巨大的作用。比如说有些蓝藻（如鱼腥藻）可以直接固定大气中的氮，以提高土壤肥力。当然还有的蓝藻是人们的食品，比如著名的发菜和普通念珠藻（地木耳）、螺旋藻等。

在一些营养丰富的水体中，有些蓝藻常在夏季进行大量繁殖，并在水面形成一层蓝绿色而有腥臭味的浮沫，称为“水华”，大规模的蓝藻暴发，被称为“绿潮”，而在海洋发生的我们称之为赤潮。绿潮和赤潮常引起水质恶化，严重时耗尽水中氧气而造成鱼类的死亡。

绿潮灾害

在自然界中，任何生物都有天敌，蓝藻也不例外，蓝藻等藻类是某些鱼类的食物，可以通过投放此类鱼苗来治理藻类，防止藻类暴发。

一些蓝细菌还能与真菌、苔藓、蕨类和种子植物共生，如地衣是蓝细菌与真菌的共生体。

原生生物地衣

地衣是由藻类（共生藻）和菌类（共生菌）共生而形成的生物复合体。共生藻经光合作用产生碳素营养供给共生菌，共生菌的菌丝组织编织成一个网状的骨架和厚实的皮壳，球形的、椭圆形的藻类就充填在里面，除起到保护作用外，还通过吸水和失水作用，积累高浓度的可溶性矿物盐供给藻细胞。这样，就组成了一个个呈壳状、叶状、树枝状的地衣植物。地衣是生物界互利共生最典型的体现。

“测深”专家——介形虫

有一种介形虫，它虽然只有0.5～1毫米大小，却被科学家喻为“大海测深计”。

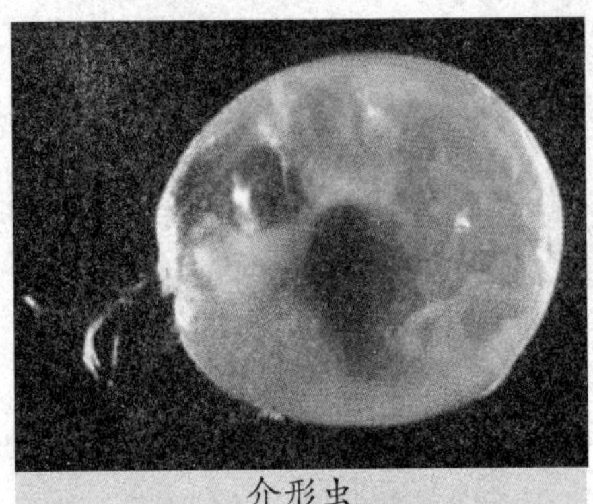
介形虫

为什么它有这个称号呢？原来它有一种特殊的性格，不同的介形虫，在大海里生活在不同的深度里。浅海里的介形虫，绝不会到深海中去，深海中的介形虫也绝不到浅海中去。地质学家就抓住它这一特性，利用它来测量大海的深浅。科学家发现，在黄海西北部，有一种中华丽花介形虫，专门生活在 1 ~ 20 米海中；在黄海北部，有一种穆赛介形虫，专门生活在 20 ~ 50 米的海中；在黄海中部，有一种克利介形虫，专门生活在 50 米海深以下。这些介形虫尽管五花八门，但它们都居于严格的水深区，绝不互相乱蹿。所以科学家找到不同的介形虫，就能画出一幅简单的海底地形图。

介形虫不但可测出大海深度，而且利用它的遗体和化石，还能追踪历史变迁的踪迹。例如地中海和大西洋，古时到底是否连接在一起，考古学家曾争论几百年，谁也下不了结论，因为缺乏证据，再精密的仪器也无法回答，如今发现了一种深海角介形虫，它只能生活在深海，包括地中海的陆地沉积物中有多处发现，这证明几千年前，地中海是大西洋的一部分，水深可达几千米，是后来沧桑巨变而形成了地中海。

介形虫种类很多，已知的有 2500 余种，多呈三角形、卵形、梯形等，海洋中都有它的分布。

世代以海为家的有孔虫

在海洋中还生活着成千上万种浮游小动物，可以说在海洋中它们无处不在，在这奥妙无穷的世界里，有着它们的天地，它们许多成员也神通广大。就拿有孔虫来说吧，它被地质学家当成朋友，因为它能揭开海陆演变的历史。

有孔虫广泛地分布在世界各个海洋中。它是个大家族，据统计有 1000 多属，3 万多种，并且还以每天增加 2 个新种的速度飞快增长。

有孔虫的全身由 1 个细胞组成，它的大小只有海边 1 粒沙子的大小，在显微镜下形态各异，有瓶状、螺旋状、透镜状等。

有孔虫的最大特点，是祖祖辈辈都以海洋为家，不离开海洋。没

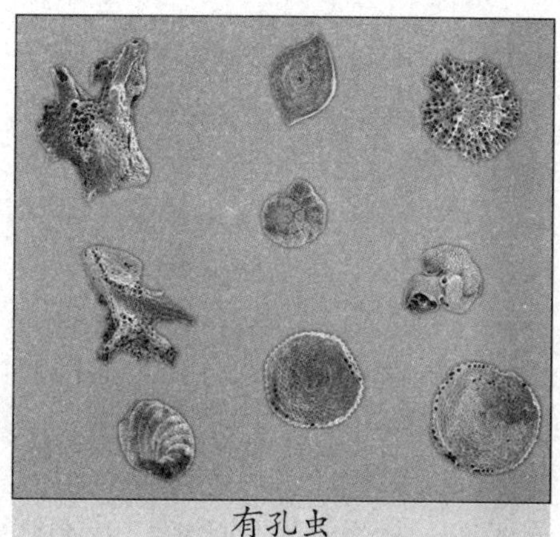
有孔虫

有海水的地方，找不到它的踪影；哪里有海水，哪里就有有孔虫。有孔虫就是海洋发展最有力的见证。

有孔虫这一特点，被地质学家看中和利用。许多桑海巨变之谜，都是由有孔虫揭开的。江苏南通到连云港一带，过去有不少地质学家有争论，不少人认为过去大海光临过，为了证明这一点，终日辛苦，到处寻找埋藏在这一带海底下的旧时遗址，然而劳民伤财，一无所获。后来科学家知道有孔虫是海里必有的动物，结果在几十米的地下深处，发现埋藏着大量的有孔虫化石，完全证明距今10万年前后古黄海到达南通—盐城—连云港一线。这证明那时的黄海要比今天大得多。这一奇妙的结论，就是地质学家发现的。他们在考古中挖到地下80～90米，却找不到有孔虫的化石，而是发现埋藏有陆地上形成的泥炭和生活在淡水湖里的螺化石。这些化石证明，距今3.6万年前，今日的滔滔黄海，曾是一片桑田沃野。

生物温度计——放射虫

放射虫是一种单细胞的原始微小动物，只有0.2～0.3毫米，目前科学家已经查明的就有6000种。

为什么放射虫被生物学家喻为“生物温度计”呢？这是它的生活特殊习性，使它成为一种卓有成效的生物温度计。因为放射虫对水温有严格要求，它分为暖水种和冷水种。暖水种只生活在炎热的赤道大

形态各异的放射虫

洋区或温热的暖流区；冷水种只能分布在远离赤道的北纬 40° 以北水域。水温就像是一道道围墙，把放射虫牢牢各自圈在自己生活的天地内。因此，从放射虫的分布，就能看出大洋中各处水温的分布。肉眼难见的放射虫，就这样忠实地记录着大洋温度的变化。

放射虫这一特殊习性，被地质学家考古学家利用了，成了他们考查古海洋温度的证据。因为堆积在海底的放射虫，本身就是一份古海洋水温变化的原始记录。当水温升高时，堆积的放射虫自然是暖水种；当水温降低时，堆积的放射虫应该是冷水种。

科学家们对太平洋北部喀斯喀特盆地 3.5 万年以来水温变化进行了研究，他们就是从放射虫身上得出这一变化的曲线水温图的。3.6 万 ~ 1.2 万年前，全球处于寒冷的冰河时代，海区中的放射虫不仅以冷水种为主，而且数量剧减。1.2 万年以后，全球冰期结束，进入温暖的气候期，此时海水中的放射虫又以暖水种数量剧增为特征。放射虫对水温变化的反映既灵敏又准确。

可见，放射虫既帮助人们了解古海洋温度变化，又记录着今天海洋温度变化，它是海洋温度记录的信息库。

海洋的灾难——赤潮

赤潮是一种灾害性的水色异常现象，在很早以前就有记载。如《旧约·出埃及记》中就有关于赤潮的描述："河里的水，都变作血，河也腥臭了，埃及人就不能喝这里的水了"。每当赤潮发生时，海水总是会变得黏黏的，还发出一股腥臭味，颜色大多变成红色或近红色。

1831 ~ 1836 年，达尔文在《贝格尔航海记录》中记载了在巴西和智利附近海面发生的赤潮事件。那么赤潮究竟是怎么样发生的呢？

1. 海水富营养化是赤潮发生的物质基础和首要条件

随着城市化和工业化进程的加快，生活污水和工业废水的大量排出而出现了海水富营养化，导致比如说东京湾、濑户内海、有明海等海域赤潮频繁发生。

2. 水文气象和海水理化因子的变化是赤潮发生的重要原因

赤潮是指在富营养化的海水中，由于甲藻、硅藻等真核藻类的大量急剧繁殖（当然也有少量蓝藻、原核动物等），聚集漂浮于海面，使水体呈现红色或褐色等颜色的现象，主要发生在近海。

赤潮

赤潮的颜色并不是都为红色的，而是由形成赤潮占优势的赤潮生物种类的颜色决定的，如以夜光藻为主形成的赤潮呈红色，而绿色鞭毛藻为优势种时为绿色，硅藻占优势则呈褐色，若蓝藻门的毛丝藻等大量分布时海水则为棕黄色。

从上述概念中，我们可以知道，其主要区别在于水华是淡水的藻类引起，而赤潮主要是指海洋中藻类引起的。因此虽然相似，但不可混为一谈。

科学家们认为，赤潮是在一定的环境条件下，海水中某些浮游植物、原生动物或细菌，在短时间内突然发生增殖或高度聚集而引起的一种海洋生态异常现象，它造成某一海域的生态环境遭到破坏，一些海洋动物大批死亡等严重后果。据统计，在浮游生物中，能够引起赤潮的大约有 330 余种。比较常见的有夜光虫、裸甲藻、铠角虫、鼎型虫、角毛硅藻、骨条藻、根管藻、盒型藻、小定鞭金藻、滑盘藻、束毛藻等。其中，甲藻类是最常见的赤潮生物，有 20 多种可以引起赤潮。

海洋中一旦发生赤潮，会给海洋生物、海洋环境乃至人类造成严

重的危害。高度密集的赤潮生物能将鱼、贝类的呼吸器官堵塞,造成鱼、贝类的窒息死亡。这些受赤潮污染而死亡的动物,死亡后能继续分解毒素,毒害或杀死其他的海洋生物。赤潮生物的残骸,在海水中氧化分解,还能大量消耗水中的溶解氧,造成缺氧环境,威胁其他生物的生存。不仅如此,在缺氧环境中,厌氧微生物继续分解赤潮生物的残骸,在海水中产生硫化氢等气体,使海水发臭,恶化海洋环境。

世界许多海洋国家,都不同程度地遭受过赤潮的危害。20 世纪 50 年代以来,随着世界经济的高速发展,大批工业、农业废水和生活污水排放入海,造成河口、内湾和沿岸水域污染不断加剧,导致赤潮发生愈加频繁。日本沿岸海域是赤潮多发海域,其中东京湾、伊势湾和濑户内海更是赤潮的“重灾区”。濑户内海在1976年发生赤潮326次。在 1967 ~ 1991 年间,在这一海域共发生 4 448 次赤潮,造成渔业生产危害达 421 次,直接经济损失达数千亿日元。